교양 있는 대화를 위한 과학

미래 사회에 꼭 필요한 과학 지식

교양 있는 대화를 위한 과학

전승준 외 지음

자음과모음

머리말

길을 걸으면서도 음악을 들을 수 있는 시대가 된 것은 양자역학 이론을 바탕으로 하는 반도체가 개발되어 스마트폰을 만들게 된 덕분입니다. 하지만 보어N. H. D. Bohr나 슈뢰딩거E. Schrödinger 등 양자역학 이론 체계를 세운 과학자들도 오늘날과 같은 모습을 예측하지는 못했을 것입니다. 과학과 기술의 발전, 더 엄밀하게 말하면 과학을 바탕으로 하는 기술의 발전은 예측하기가 어렵습니다. 하지만 현재를 살아가는 우리는 종종 미래의 모습을 그립니다. 특히 획기적인 변화를 가져올 것으로 예상하는 4차 산업혁명 시대를 맞아, 다가올 2050년의 사회는 어떤 모습이고, 그 시대를 살아갈 우리는 무엇을 대비해야 할지를 생각합니다. 비록 미래를 전망하기는 쉽지 않지만, 분명한 것은 21세기의 미래는 과거보다 빠른 속도로 변화할 것이며, 그 변화를 과학과 기술의 발전이 주도할 것이라는 점입니다. 따라서 미래 사회를 책임지고 나아갈 다음 세대는 이 시대에 요구되는 과학 소양을 갖추는 것이 중요합니다.

이 책은 2050년 미래 사회에 성인으로서 살아갈 모든 한국인이 갖추어야 할 과학 소양Science Literacy에 대한 연구 결과인 『모든 한국인을 위한 과학』의 내용을 청소년과 일반인에게 소개하려는 목적으로 집필되었습니다. 따라서 지금의 청소년과 성인들이 과학 교육을 통해 무엇을 배우고 어떤 역량을 갖추어야 하는지에 대한 개괄적인 제안이 될 수 있을 것입니다. 이 연구는, 이미 유사한 목적으로 1990년대 발간된 미국의 『모든 미국인을 위한 과학』이나 2000년대 발간된 일본의 『과학기술의 지혜』를 참고하였습니다. 또한 국내 과학기술계와 과학 교육 전문가들이 다수 참여한 연구 결과를 토대로 하고 있으며 과학과 과학 교육에 관심을 가진 청소년과 일반인의 의견도 수렴하여 내용을 구성하였습니다.

인류는 지난 역사 속에서 많은 지식을 생산하고 축적하며 발전시켜왔습니다. 이러한 지식은 사회를 유지하고 발전시키는 원동력이었기 때문에, 과거에는 청소년 시절에 이러한 지식을 가능한 한 많이 배우고 익혀서 응용하는 능력을 강조해왔습니다. 그러나 지금은 정보통신기술의 발전을 바탕으로 지식 정보에 쉽고 빠르게 접근할 수 있는 방법이 다양해졌습니다. 따라서 기존 교육이 지식의 이해와 암기에 초점을 두었다면 미래의 교육은 다른 가치를 지향하며 새로운 방식으로 이루어져야 할 것입니다. 따라서 미래 지향적인 과학 소양은 단순히 과학적 지식을 이해하고 기억하는 능력 이상이어야 할 것입니다.

이 책은 현재가 아닌 2050년의 미래를 위한 것이며, 모든 한국인을 대상으로 하고, 과학 소양에 대한 보편적인 공감대를 형성할 수 있는 내용을 제안하고 있습니다. 과학 소양은 1950년대 미국에서 제안된 개념으로, 국내외 과학 교육계의 많은 연구를 거치며 그 개념이 변화해왔습니다. 오늘날 과학 소양으로는 과학에 대한 올바른 이해를 바탕으로 이를 사회에 적용하는 것, 과학 지식과 핵심 역량을 가지고 과학과 관련된 사회적 이슈에 참여하는 능력 등이 강조됩니다. 이에 따르면 과학 소양을 갖춘 사람은 다음과 같이 정의할 수 있습니다. 학습 가능한 능력을 바탕으로, 개인과 사회 구성원으로서 성공적인 삶을 영위하기 위하여 갖추어야 할 보편적인 과학 능력을 지니고, 실제 생활에서의 문제를 해결하기 위하여 과학의 지식과 태도를 갖추고 핵심 역량을 발휘하는 사람이라고 할 수 있습니다. 이 책에서 제안하는 미래 세대를 위한 과학 소양은 다음의 네 가지 기본 방향을 고려하여 구성했습니다.

- 미래 지향적이어야 합니다.
- 합리적이고 창의적인 우리 문화 형성에 기여해야 합니다.
- 과학은 만능이 아니라는 점에서 그 능력과 한계를 인식하는 것이어야 합니다.
- 일반인, 특히 청소년에게 과학에 대한 관심과 흥미를 유발해야 합니다.

위의 방향을 고려한 결과 이 책에서 제안하는 미래 세대를 위한 과학 소양의 내용은 크게 다음 세 가지 범주로 구분할 수 있습니다.

- 과학적 방법(1~3장): 지식을 습득하고 이해하는 방법
- 과학적 지식(4~7장): 자연과 사회 현상에 대한 가장 기본적인 기술과 설명
- 과학의 응용(8~9장): 실생활에 도움을 주기 위한 과학적 지식의 적용과 응용

과학을 다루는 대부분의 서적과 달리, 이 책은 과학적 지식보다 과학적 방법을 가장 먼저 비중 있게 다루고 있는 것이 큰 특징입니다. 첫 번째 범주는 과학의 개념과 방법론을 소개합니다. 과학이란 무엇이고 어떤 도구와 언어를 사용하는지, 또한 핵심 역량으로서 과학적 방법과 사고 및 태도가 무엇인지를 다룹니다. 과학 소양 중에서 지식 습득의 방법론인 과학적 방법을 가장 중요한 기본 역량으로 판단한 것입니다. 여기서 알 수 있듯 미래 세대가 과학 교육을 통해 가장 많이 보완하고 증대해야 할 측면은 합리적 사고방식과 창의성입니다. 설문 연구에서도 일반인들은 앞으로 가장 강조해야 할 과학 소양으로 이 두 가지를 꼽았습니다.

두 번째 범주는 자연과 사회 현상에 관한 과학적 지식을 포함하고 있습니다. 이 책은 오늘날까지 이어져온 과학의 오랜 학문적 분류를 답습하지 않고, 과학적 지식을 좀 더 포괄적인 체계 안에서 통합적으로 설명합니다. 자연을 이루는 모든 물질의 구성과 현상은 물질계에서, 인간을 포함한 생명체에 관한 사실은 생명계에서 설명하는데, 대상을 크기에 따라 아주 작은 소립자에서 거대한 우주까지 또는 작은 세포에서 우리 몸 전체로 분류하여 서술하는 한편, 대

상의 기능이나 변화를 설명하는 가장 기본적인 원리를 살펴봅니다. 또한 수학과 정보는 과학 현상을 지식의 체계로 정립하게 하는 가장 중요한 도구이므로, 이들의 주요 개념을 과학기술에 관련된 부분을 중심으로 살펴봅니다. 또한 인간이 사회 속에서 경험하는 현상 역시 과학적으로 이해할 수 있습니다. 이는 미래 사회에서 사회 현상을 해석하고 예측하는 데 과학의 역할이 더욱 커질 것을 고려하여 비중 있게 서술하고 있습니다.

세 번째 범주는 삶의 질 향상을 위한 과학의 응용입니다. 최근 과학과 기술은 긴밀하게 영향을 주고받기 때문에 '과학기술'이라고 불리기도 합니다. 과학과 기술의 의미와 상호 관련성을 설명한 다음, 삶의 질 향상과 밀접한 과학의 응용 분야 중에서 미래 세대에 가장 필요하다고 여겨지는 분야를 소개합니다.

이와 같은 과학 소양을 선정하는 데 각계각층의 사람들이 다양한 형태로 참여하였습니다. 특히 과학·기술·교육 관련 전문가들뿐만 아니라 설문 조사, 토론회, 타운홀 미팅, 델파이 조사 등을 통해 청소년과 학부모 외에도 과학에 관심 있는 일반인 등이 참여하였습니다. 따라서 이 책은 교양으로서 과학을 폭넓게 정립하고, 미래 세대를 위한 과학 교육의 방향을 제안하는 데 이바지할 수 있을 것입니다. 이 책이 모든 한국인에게 과학에 대한 관심과 이해를 깊게 하는 계기가 되고, 예측 불가능한 미래 사회를 살아가는 데 필요한 이정표가 되기를 바랍니다.

마지막으로, 이 책의 모태인 『모든 한국인을 위한 과학』의 연구 및 보조집필진과 아낌없는 지원을 해준 한국과학창의재단에 감사드립니다. 또한 책의 출판을 위하여 수고해주신 자음과모음 출판사에 감사드리며, 특히 글을 다듬는 수고를 해주신 차혜린 님, 삽화를 그려주신 유영근 님께 감사드립니다.

전승준 외 저자 일동

C O N T E N T S

머리말 5

제1장 과학의 본성

과학이란 무엇인가 18
과학 소양에서 수학과 기술은 왜 중요한가 29

제2장 과학의 언어와 도구

수학과 과학의 관계 40
논리와 과학의 관계 44
측정과 단위는 왜 중요한가 48
과학자 공동체의 역할과 전망 55

제3장 과학의 방법

과학적 방법과 사고 62
과학적 방법과 사고는 다른 분야로 확장할 수 있을까? 67
과학 소양으로서의 과학적 역량과 태도 72

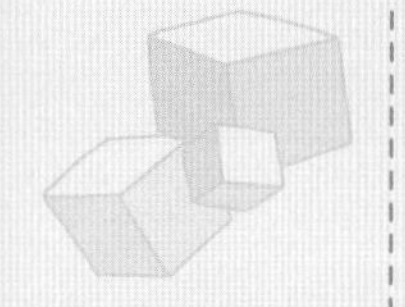

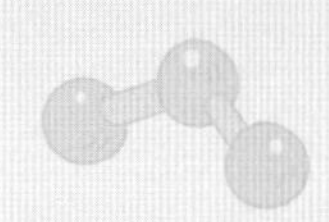

제4장 물질의 과학

물질을 이루는 구조 80
물질의 상태에 따른 특징 87
지구와 우주는 어떻게 구성되었을까? 91
물질 사이에 작동하는 네 가지 힘 98
물질 변화에서 나타나는 규칙성 105
지구계에서 일어나는 상호 작용 111

제5장 생명의 과학

분자에서 생태계로 120
생명이란 무엇인가 126
생명이 지니는 연속성 133
인체의 기관과 생리 기능 137
생태계의 상호 작용과 순환 140
뇌과학: 21세기 생명 연구의 프런티어 143

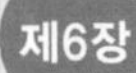

제6장 과학과 수학

수란 무엇인가 152
도형이란 무엇인가 158
수학적 사고 방법으로서의 추론 162
변화와 관계는 수학으로 어떻게 나타낼까? 165
수학은 어떻게 자료의 신뢰성을 높일까? 169
수학은 어떻게 정보 이해 능력을 높일까? 172

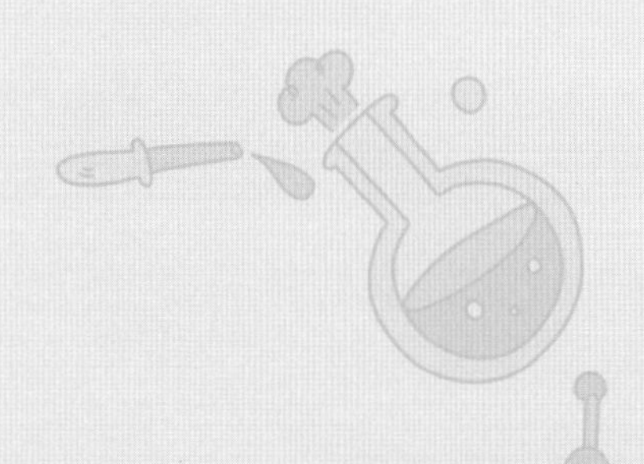

제7장 과학과 사회

생각한다는 것 180
인공지능이 바꾸어나갈 사회 186
미래 과학기술이 경제에 끼칠 영향 191
과학기술은 인간과 사회를 어떻게 변화시킬까? 197

제8장 과학과 기술

과학과 기술의 관계 210
과학과 기술은 미래 사회에서 어떤 역할을 할까? 221

제9장 미래 사회를 위한 과학

미래를 바꾸는 메가트렌드 229
미래의 의식주와 의료 234
미래의 소통과 교통수단 244
기후변화와 자원 부족의 극복을 위한 기술 250
과학 소양을 지닌 시민이 만들어갈 미래 256

참고 문헌 258

제1장

과학의 본성

◇

과학은 지식의 집합이기 이전에
생각하는 방법입니다.

◇

천문학자 칼 세이건
Carl Edward Sagan
1934~1996

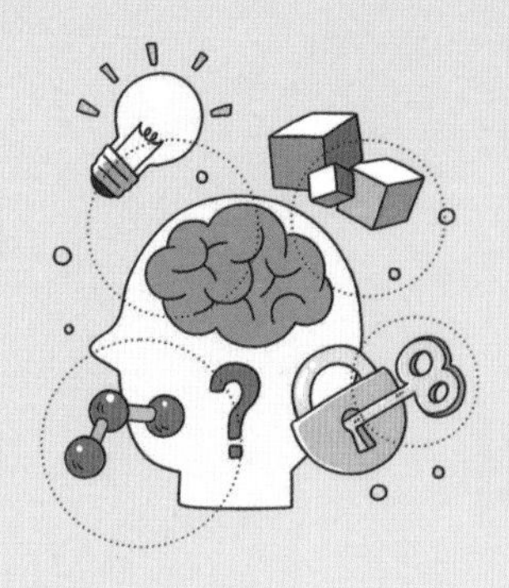

우리는 일상에서 종종 과학을 접합니다. '과학적으로 효능이 입증되었다'라고 선전하는 광고가 넘쳐나고, 중요한 과학적 발견이나 성과는 뉴스로 보도되기도 합니다. 스티븐 호킹Stephen Hawking (1942~2018) 박사와 같은 유명 과학자의 죽음이 세계적으로 화제를 모으기도 하지요.

과학은 어떻게 우리 삶 곳곳에 파고든 것일까요? 오늘날 많은 사람은 과학에 세상을 바꾸는 힘이 있다고 믿습니다. 지금 우리가 살아가는 모습만 봐도 과학이 기여하는 바가 크다고 할 수 있습니다. 여기에는 과학이 '믿을 수 있는 것'이라는 믿음이 뒷받침하고 있습니다. 과학이란 단지 주장이나 의견이 아니라 사실을 밝혀낼 수 있는 학문이기 때문입니다.

과학이 우리 사회를 건강하게 만들어가는 역할을 할 수 있는 이유도 여기에 있습니다. 정부가 비과학적이거나 조작된 내용에 근거하여 정책을 펴고자 한다면 즉각 반대에 부딪힐 것입니다. 객관적이고 합리적이며 체계적인 지식이 필요할 때, 과학은 가장 모범적인 답을 줍니다.

과학은 어떻게 이러한 지위에 오르게 되었을까요? 이 질문에 대답하려면 과학이란 무엇인지 이해해야 합니다. 또한 과학이 어떤 과정을 거쳐 지금과 같은 모습으로 정립되었는지에 관해서도 살펴보아야 합니다. 그럼으로써 오늘날 왜 과학을 좀 더 잘 알고 이해해야 하는지, 나아가 미래에 왜 과학 소양을 필수적으로 길러야 하는지 그 이유를 알게 될 것입니다. 이것이 바로 이 장의 목표이며 기대효과입니다.

과학이란 무엇인가

과학이란 말은 어디서 왔을까

과학科學이란 말은 '분과학문分科學問'의 줄임말입니다. 각 영역별로 나누어 탐구하는 학문이라는 뜻입니다. 영어에서 과학을 의미하는 'science'는 그 어원인 라틴어 'scientia(스키엔티아)'의 뜻을 담고 있습니다. 스키엔티아란 '앎', 즉 '지식'을 뜻합니다. 이때 지식은 어떤 분야나 영역에서 얻어진 구체적인 앎을 가리키며 여러 분야에 통용되는 지혜라는 말과 구분됩니다.

과학은 다른 종류의 앎이나 지식과는 조금 다른 성격을 갖고 있습니다. 우선 과학은 개인적이고 주관적인 지식이 아닙니다. 이 세상에 속하지 않는 신비로운 존재가 자신에게 말을 걸고 있다고 주장하는 사람이 있다고 해봅시다. 과학은 그런 존재가 절대 없다고 단언하지는 않습니다. 다만 과학의 대상이 되려면, 그 존재나 그 존재와의 접측 사실을 누구나 확인할 수 있어야 합니다. 과학은 객관적으로 관찰하거나 측정할 수 있는 대상에 관한 지식입니다.

그런데 세상에 대한 경험적인 지식은 인간 외의 다른 존재들도 가지고 있습니다. 생명체가 살아가려면 외부 환경에 대한 지식이 필요하기 때문입니다. 예를 들어, 짚신벌레와 같은 미생물은 해로운 물질을 피하고 먹이가 많은 쪽으로 움직이기 위해 밝은 쪽을 향해서 움직이려는 성향을 보입니다. 밝기에 대한 정보를 감지하고 처리하는 초보적인 능력을 갖고 있다는 뜻입니다. 이러한 정보처리 능력은 매우 놀라운 수준까지 도달하기도 합니다. 가본 적도 없는 곳을 향해 지구 자기장을 이용해 수천 킬로미터 이상의 길을 찾아가는 철새, 움직임(춤 신호)을 통해 먹이와의 거리와 방향을 전달하는 꿀벌 등을 보면 경이로울 정도입니다.

그렇다면 인간의 지식은 다른 유기체가 갖고 있는 지식과 어떻게 다른 것일까요? 아마도 지식을 언어와 같은 도구를 사용해 전달하거나 저장할 수 있다는 사실에 있을 것입니다. 그럼으로써 본능적으로 알고 있거나 직접 알게 된 것이 아닌 지식도 간접적으로 습득할 수 있습니다. 그리고 그 과정에서 세대를 거듭할수록 지식을 누적하게 됩니다. 이것이 인간만이 가진 지식의 특징입니다.

체계적인 지식으로서 과학은 어떤 의미일까

과학적 지식은 단순히 관찰이나 경험을 바탕으로 단편적인 지식들을 누적하기만 한 것은 아닙니다. 과학은 관찰이나 측정을 통해 지식의 체계를 만들어갑니다.

지식은 서로 관련 있는 것들을 연결하거나 유형화함으로써 체계를 이루게 됩니다. 다양한 현상 간에 공통적인 특징이나 원리를 찾으면 그에 따라 현상을 묶거나 나눌 수 있게 됩니다. 철이 녹스는 것과 나무가 불타는 것은 서로 관련 없는 현상처럼 보이지만, 어떤 대상에 산소가 결합할 때 발생하는 특징이라는 점에서는 함께 묶일 수 있습니다.

또한 어떤 현상으로부터 변함없이 같은 현상이 따라 일어나는 것을 알면 해당 현상들을 원인과 결과의 관계로 묶어 이해할 수 있습니다. 원인과 결과의 관계는 우리가 자연에 개입해 원하는 대로 자연을 변화시키려고 할 때 가장 필요한 지식입니다. 열매나 고기를 삶거나 구워서 맛을 좋게 하거나 소화가 쉬워지게 하거나 음식물의 독성을 없애는 것도 그러한 인과적 지식의 사례입니다.

이렇듯 과학은 자연 세계에 대한 지식을 체계적으로 산출하는 과정입니다. 과학은 과학적 방법을 적용하여 자연의 작동 원리를 이해하고, 인과관계나 상관관계 등을 통해 자연 현상의 원인을 설명하고, 새로운 자연 현상을 예상합니다. 나아가 이러한 과정에서 얻은 앎을 바탕으로 자연을 통제하려는 목적을 갖고 있습니다.

과학은 이렇게 경험적인 대상에 대해 객관적인 지식을 발견해 체계화시키는 활동이자 과정인 동시에, 그렇게 얻은 지식의 체계를 가리킵니다. 그렇게 본다면 과학은 아마 인류의 탄생과 더불어 시작했다고 해도 좋을 것입니다. 언어의 발명을 통해서 지식을 다음 세대로 전달할 수 있었을 테니까요. 또 언어를 통해서 지식을 전달하기만 한 것이 아니라 호기심을 가지고 질문을 던지면서 적극적인 탐구를 수행하기도 했을 것입니다. 그 호기심이나 질문에 대한 답을 찾고 그렇게 얻은 새로운 지식을 더해감으로써 그리고 그 지식을 개인 혼자 간직하는 것이 아니라 공동체의 수준에서 함께 나누고 다음 세대로 전달함으로써, 인류는 다른 생물들과는 전혀 다른 방식으로 생존할 수 있었습니다.

과학의 구조는 어떻게 이루어져 있을까

과학은 경험적인 대상에 대한 객관적인 지식을 발견하여 체계화하는 활동인 동시에, 그렇게 얻은 지식의 체계를 가리킵니다. 이렇게 볼 때 과학은 크게 탐구로서의 과학과 지식으로서의 과학이라는 두 축이 긴밀한 관계를 맺으며 구성된다고 할 수 있습니다.

탐구로서의 과학은 자연 현상에 대해 질문을 던지고 그 답을 찾는 과정에서 새로운 지식을 얻는 활동입니다. 이러한 과학적 연구에서 중요한 것이 과학 탐구 방법으로, 가설과 이론, 증거 기반 검증, 과학적 추론 방식 등이 대표적입니다. 과학 탐구 방법은 연구 대상과 목적에 따라 달라질 수 있기 때문에 과학의 여러 학문 분야에서 연구 대상에 맞게 다양한 방법으로 수행됩니다. 예를 들어 물리학을 바탕으로 우주의 구조를 수학적으로 이해하는 이론물리학자, 지질을 탐사하면서 지질의 형성 과정을 추측하거나 지질의 특성이 지진이나 식물 분포 등에 미치는 영향을 조사하는 지질학자, 미생물을 여러 세대에 걸쳐 배양하면서 돌연변이가 어떻게 유전되고 새로운 형질이 어떻게 나타나는지 연구하는 유전학자, 사회 현상을 수량화된 자료나 다양한 모형을 통해서 설명하고 예측하는 사회과학자, 효율적인 알고리즘을 고안한 뒤 그것이 수식 또는 프로그래밍 등을 통해 실제로 작동하는지 검증하는 컴퓨터과학자 등은 모두 다른 방식으로 연구를 수행합니다. 하지만 이들 연구가 과학적 연구라고 불리는 이유는 그 탐구 방법이 과학 탐구의 본성과 부합하기 때문입니다.

이렇듯 과학은 다양한 탐구 방법을 사용하여 자연 세계에 대한 지식을 산출하지만 과학 탐구의 산물인 과학 지식은 대개 일정한 구조를 따릅니다. 즉 **지식으로서 과학은 수준에 따라 사실, 개념, 모형, 법칙, 이론 등으로 구분합니다.** 과학 탐구의 출발점인 사실fact은 관찰과 측정을 통해 얻은 단편적 정보로, 구체적이고 검증 가능한 객관적인 정보를 담고 있습니다. 사실들 간 공통적인 특성이나 속성을 찾아내어 분류하고 추상화한 것이 개념concept입니다. 예를 들어 철이 녹스는 것과 나무가 불에 타는 것을 같은 현상으로 볼 수도 있고, 반응 속도와 양상의 측면에서 다르게 볼 수도 있는데, 여기서 기준이 되는 것이 산화·연소·반응 등과 같은 개념들입니다. 한편 과학적 사실들이나 현상들을 단순화시켜 표상한 것을 모형model이라고 부릅니다. 가장 일반적인 모형은 수학적 공식이지만, 앞의 예에서 철 분자와 산소 분자가 결합해 산화철이 만들어지는 과정을 원소 기호로 간단하게 나타낸 것도 단순한 형태의 모형입니다. 이러한 모형들 중에서 규칙적인 성질을 일반화시켜 정리하면 법칙law 또는 원리principle가 됩니다. 마지막으로 모형과 법칙이나 원리 등을 조직화하여 잘 검증된 설명

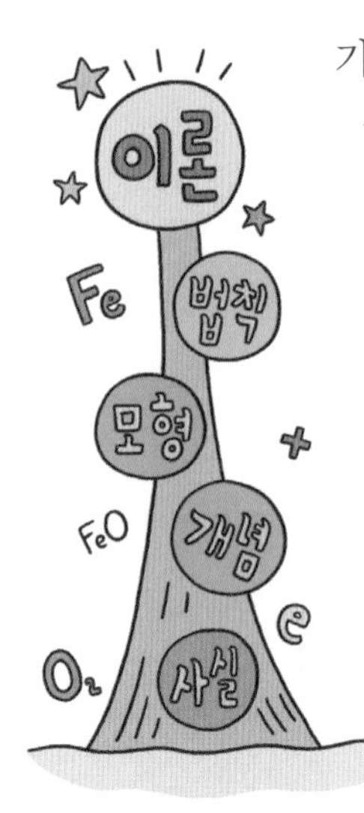

체계로 통합한 것이 바로 이론theory입니다. 이때 아직 검증되지 않은 잠정적인 답은 가설hypothesis로 남지만, 검증을 통해 신뢰할 수 있음이 밝혀지면 이론이 되는 것입니다.

이렇듯 구조화된 지식 체계를 만들어가는 활동이 과학이고, 그러한 과학 탐구의 산물이 과학적 지식입니다.

오늘날과 같은 모습의 과학은 언제 등장했을까

과학 탐구가 아주 오래전부터 시작되었다고는 하지만 정작 오늘날과 같은 형태의 과학이 등장한 것은 몇백 년 전에 불과합니다. 이러한 변화의 시기를 '과학혁명의 시대'라고 부르는데, 이때 출현한 근대과학modern science은 단순히 인간의 지식을 넓히기만 한 것이 아니라, 생각하고 살아가는 방식 전체를 송두리째 바꾸었다는 점에서 혁명적인 사건이라고 말할 수 있습니다.

근대 과학을 이끈 주요 인물은 갈릴레이G. Galilei와 케플러J. Kepler, 뉴턴I. Newton입니다. 물리학에 바탕을 둔 그들의 대표적인 업적이 과학의 표준적인 방법론이 되었기 때문입니다. 먼저 갈릴레이는 "우주라는 책은 수학이라는 언어로 쓰여 있다."라고 선언하며 물체의 운동을 수학적인 법칙으로 표현하려고 했습니다. 또한 선입견에 사로잡혀 관찰을 해석하려 하지 않고, 관찰을 토대로 견해를 수정하려고 노력하였습니다. 케플러는 천체의 운동을 설명하는 간결한 수학적 모형으로서 '타원궤도'를 제시하였는데, 이를 통해 지상과 천상의 법칙이 다르다고 보던 인식을 바꾸어 천문학을 물리학의 일부로 받아들이도록 하였습니다. 이어서 뉴턴은 운동 법칙을 통해

과학혁명의 영웅들인 갈릴레이와 케플러, 뉴턴

자연의 모든 운동에 적용되는 보편 법칙을 수학적으로 표현함으로써 앞서 갈릴레이와 케플러가 이룬 성과를 집대성하였습니다.

이후 물리학을 중심으로 발달한 자연과학은 관찰과 측정을 중시하고, 자연법칙을 수학적으로 엄밀하게 표현하게 되었습니다. 이 과정에서 과학은 아리스토텔레스로 대표되는 고대의 철학이나 중세 기독교와 같은 종교의 영향에서 벗어날 수 있었습니다. 이는 당시의 세계관에도 영향을 미쳤습니다. 즉 다양한 자연 현상을 이해할 때, 그 배후에 초자연적인 존재를 가정하던 이전과 달리, 다른 자연 현상들과의 관계를 통해 설명하려는 인식이 자리 잡았습니다.

이러한 영향으로 복잡한 자연 현상을 여러 구성 요소로 쪼갠 뒤 그 구성 요소들 간의 관계로부터 법칙을 발견하고 이해하려는 경향이 나타났습니다. 이 법칙은 결국 수학적인 것이므로 갈릴레이의 말처럼 자연을 수학적으로 이해하는 것이 과학의 가장 기본적인 특징이 되었다고 볼 수 있을 것입니다. 이러한 견해나 태도를 과학적 세계관이라고 하는데, 오늘날 과학 탐구나 과학 탐구 방법론의 기초를 이루고 있습니다.

오늘날 과학은 어떤 특징을 지닐까

과학혁명 이후 과학 이론과 측정의 기술이 함께 발전하며 과학적 지식이 비약적으로 늘어나기 시작했습니다. 또한 과학과 기술을 결합해 대량 생산을 가능하게 하는 응용기술로서의 공학Engineering*이 크게 성장하였는데, 서구 근대의 경제와 공학의 결합은 결국 산업혁명으로 이어졌습니다.

이렇게 기술과 결합된 과학은 실험과 관찰 및 측정의 범위와 정확성의 측면에서 놀랍게 발전하는 한편, 기존에 정립되었던 이론의 한계나 문제점을 극복하고자 하면서 이론적 측면에서도 혁신을 이루게 됩니다. 그 결과 과학은 과학혁명을 가능하게 했던 근대 과학의 기초마저 재검토할 수 있는 수준에 이르렀고, 19세기에서 20세기에 이르러 기술 및 공학과 함께 폭발적인 양적 성장과 질적 비약을 이루게 됩니다.

---

* 공학이란 기술을 과학과 접목하여 기술의 원리를 탐구하거나 과학의 원리를 적용하여 유용한 것을 만들어내는 과정을 말합니다.

두 세기에 걸쳐 근대 자연과학의 탄탄한 기초로 작동한 뉴턴의 물리학은 20세기에 새롭게 등장한 물리 이론인 상대성 이론과 양자역학에 그 자리를 넘겨주었습니다. 뉴턴의 물리학은 여전히 일상적인 면에서 활용되었지만, 미시 혹은 거시 세계에서는 새로운 두 이론, 즉 양자 이론과 상대성 이론이 뉴턴의 이론을 대신하게 됩니다. 한편 화학은 20세기 초반에 기본 법칙을 완성하였는데, 무궁무진한 응용 분야를 개척하며 이전에는 상상할 수도 없이 방대한 규모로 발전하였습니다. 19세기에 진화론과 유전학을 성립시킨 생명과학은 20세기 중반에 이르러 DNA 구조를 해명하였고, 세포생물학과 분자생물학을 통해 생명을 유전자나 분자 수준에서 이해하고 변화시킬 수 있는 수준으로 발전하였습니다. 이렇듯 현대 과학은 근본적인 변화와 성장을 이루면서 이전과는 또 다른 성격을 지니게 되었습니다.

현대 과학은 개별적인 과학자들보다는 서로 긴밀하게 협력하고 경쟁하는 연구 집단을 통해 전개되는 경향이 크다고 볼 수 있습니다. 이와 함께 많은 연구가 크고 정밀한 장비와 도구를 사용하여 진행되고, 산업 및 기술 분야와 밀접한 관련을 지니면서 이루어집니다. 이러한 점 때문에 오늘날 과학에서는 과학자 집단이 사회 안에서 복잡하게 상호 작용하며 전개하는 활동 혹은 그러한 활동의 기반이 되는 제도로서의 특징이 더욱 두드러집니다. 과학 연구에 더 많은 인적·물적 자원이 투입되고 그 결과물이 세상을 바꿀 수 있는 큰 힘을 갖게 되면서 과학은 더 이상 과학자와 과학 연구를 중심으로 하는 과학계만의 관심사에 머물 수는 없게 되었습니다. 이것이 오늘날 모든 시민에게 과학적 지식이나 이해 그리고 과학적 사고력이 요구되는 이유라고 할 수 있습니다.

소양으로서 과학이란 무엇일까

새로운 과학적 발견과 기술의 발전이 가져올 변화는 작게는 우리의 일상생활에서부터 크게는 전 지구적인 규모에 이르기까지 나타납니다. 그뿐만 아니라 과학과 기술은 현대 사회에서 발생하는 많은 문제의 원인인 동시에 유일한 해결책이기도 합니다.

이 시대를 살아가는 세대에게 과학과 기술에 대한 최소한의 지식과 이해는 필수적이라고 할 수 있습니다. 이는 단순히 과학적 지식을 습득하는 것을 넘어 과학을 가능하게 한 토대로서의 세계관과 사고방식을 습득하는 것을 포함합니다. 이를 고려할 때 현재 그리고 앞으로의 세대에게 요구되는 과학적 태도의 핵심은 객관적인 근거에 바탕을 둔 과학적 지식을 최선의 가설이나 설명으로서 신뢰하는 것, 현재의 지식을 절대적인 진리로 생각하지 않고 새로운 증거와 이론을 개방적인 자세로 수용하는 것, 근거와 이론을 비판적으로 검토하는 것 등이라고 말할 수 있습니다.

이러한 태도는 과학 탐구의 과정에서 가장 중요한 역할을 하겠지만, 그보다 더 넓은 영역, 즉 일상생활에서부터 공동체의 정치·경제생활에 이르기까지 인간 생활 전반에 나타나는 다양한 문제를 해결하는 데 역시 유용하다고 할 수 있습니다. 정치 영역에서 말하는 민주적인 의사결정방식도 과학적 태도와 많은 특성을 공유하고 있습니다. 이러한 점에서 과학적 사고방식이나 태도가 넓은 의미에서 '합리적'인 사고방식과 태도를 말하는 것으로 여겨지는 것입니다.

과학 소양과 교육의 관계는 어떻게 바뀌고 있을까

과학적 태도가 합리성의 기반이 되는 지금과 같은 시대에 과학과 기술이 사회가 나아갈 방향을 결정짓는 역할을 하지 않고, 과학 소양을 미래의 시민을 길러내는 교육의 핵심 목표로 여기지 않는 사회가 있다면 그 사회는 발전을 장담하기 어려울 것입니다.

오늘날 과학은 그 외연을 확장하며 더욱 폭넓은 의미를 지닌 새로운 과학관에 의해 이해되고 있습니다. 특히 과학을 중심으로 그와 밀접한 관계를 맺는 기술을 통합하고, 이를 사회라는 역동적인 맥락 속에서 살펴보려는 시각이 대두하면서 과학·기술·사회를 엮어 부르는 'STSscience-technology-society'라는 용어가 등장해 새로운 관점을 잘 보여줍니다. 이러한 동향은 교육 분야에도 반영되어, 과학 소양이 교육 목표의 중심으로 부상하고 있습니다. 오늘날 세계 여러 나라의 교육 현장에서는 과학과 기술뿐만 아니라 그것을 중심에 두고 공학과 수학, 예술 등 다양한 학제 간의 통합을 꾀하면서 미래지향적인 융합형 인재를 만들어내는 것을 목표로 삼고 있습니다.

이런 흐름에 발맞추어 우리나라에서는 융합인재교육을 강조하고 있습니다. 이는 미래 인재들이 기존 학문 분야 간의 구분에 얽매이지 않고, 다양한 학문을 넘나들며 융합하면서 새로운 학문 영역을 개척하며 실용적이고 창조적인 지식을 생산하고 활용하기를 기대할 수 있는 올바른 길임이 분명합니다.

과학 소양에서 수학과 기술은 왜 중요한가

과학의 관점에서 수학은 어떤 역할을 할까

과학의 언어 및 도구로서 수학의 특징은 무엇이고 어떤 구조로 이루어져 있는가에 관해서는 제2장인 '과학의 언어와 도구'에서 상세하게 살펴보겠습니다. 여기서는 먼저 수학이 과학 소양을 갖추는 데 중요한 요소가 된 배경을 살펴보겠습니다.

과학은 객관적인 현상이나 사실에 대한 탐구, 더 쉽게 말하면 자연에 대한 탐구입니다. 따라서 그 출발은 구체적인 대상입니다. 이에 반해 수학은 구체적인 대상을 다루지 않습니다. 자연수는 수학의 가장 기본적인 개념이지만, 그 자체로 구체적인 대상들에 적용되는 추상적이고 정신적인 산물입니다. 과학과 수학은 이렇게 뿌리에서부터 그 성격이 다릅니다.

그런데 과학 탐구 과정에서 얻어진 지식을 수학적으로 표현할 수 있다는 사실이 점점 더 명확하게 드러났습니다. 우선 어떤 현상을 누구나 확인할 수 있는 객관적인 정보로 나타내려면 측정량이 필요합니다. '소금 약간' '적당한 키'라고 하면 사람마다 떠올리는 정도가 다르지만, '소금 4g' '키 178.3cm'라고 하면 오해의 여지가 없습니다. 또 자연의 현상들을 표현할 때 수학 공식으로 기술하기도 합니다. 이때 덧셈이나 비례처럼 간단한 공식이 사용되기도 하지만 때로는 매우 복잡하고 난해한 공식으로 자연 현상의 작동 원리를 나타내기도 합니다.

이렇듯 수학은 과학의 언어가 됩니다. 그런데 이 언어를 잘 활용하려면 먼저 온도, 열량, 무게, 빛의 세기, 소리의 크기, 속력 등 자연의 특성을 측정할 수 있도록 정해놓은 기준과 단위 등을 알아야 합니다. 그 다음에는 자연 현상을 기술하는 공식을 이해하고 활용할 수 있어야 합니다. 예를 들어 다음 공식은 질량을 가진 두 물체 사이에 작동하는 중력의 크기를 나타냅니다.

$$F = G\frac{Mm}{r^2}$$

F: 중력의 크기 G: 만유인력 상수 M: 물체 질량 m: 물체 질량 r: 중심 거리

먼저 힘을 나타내는 F와 다른 문자들이 무슨 의미인지를 알아야 하는데, 이때 사용하는 문자들의 의미는 그것이 사용되는 분야에서 약속으로 정해져 있습니다. 이 언어를 아는 사람은 위 공식을 보고 "두 물체 사이의 중력은 두 물체의 질량의 곱에 비례하고, 두 물체

의 중심 거리의 제곱에 반비례한다."라고 읽을 수 있습니다. 또한 공식을 이루는 각 문자에 해당하는 값과 단위를 입력함으로써 계산을 할 수도 있습니다. 나아가 위 공식을 다양한 방식으로 활용하면 더 많은 현상을 이해할 수 있습니다.

중요한 것은 서로 다른 언어를 쓰는 사람들 간에도 위 공식을 공통으로 이해하고 사용할 수 있다는 사실에 있습니다. 과학에서 수학이 널리 활용되는 이유 중 하나가 바로 그 점 때문이라고 할 수 있습니다. 만약 지구 바깥의 우주에 지성을 갖춘 생명체가 있다면, 그들과 가장 먼저 소통을 할 수 있는 언어는 바로 과학의 언어인 수학일지도 모릅니다. 물리나 화학의 법칙은 우주에 공통되며 그들 역시 나름의 수학적 언어를 사용해 그 법칙을 표현할 가능성이 높기 때문입니다.

과학 소양을 위한 수학이란 무엇일까

수학은 그 자체로도 매우 흥미로운 역사를 지닙니다. 다른 종류의 지식들과는 달리, 수학에서 한 번 옳은 것으로 증명되면 그것이 반증되는 일은 없습니다. 다만 새로운 전제나 가정이 추가되어 또 다른 수학 체계가 생기거나 더 넓게 확장된 체계로 통합되면서 일반적인 지식의 일부가 될 뿐입니다.

예를 들어 유클리드의 기하학에서는 '한 직선에 대해서 그 외부의 점을 통과하는 평행선은 하나만 그을 수 있다'는 제5공리를 자명한 것으로 여겼습니다. 그런데 이 공리를 다른 공리로 바꾼다면 새로운 체계의 수학이 만들어질 수 있다는 사실이 밝혀졌습니다. 즉

휘어 있는 공간에서 삼각형 내각의 합은 180°보다 크거나 작다.

'한 직선에 대해서 그 외부의 점을 통과하는 평행선은 하나도 그을 수 없다'는 공리로 바꾸면, 평면 위의 유클리드 기하학과는 다른 구면 위의 기하학이 성립될 수 있습니다. 또 '한 직선에 대해서 그 외부의 점을 통과하는 평행선은 여러 개 그을 수 있다'는 공리로 바꾸면 말 안장 모양의 쌍곡면 위의 기하학을 생각할 수 있습니다. 바로 이 구면 위의 기하학과 쌍곡면 위의 기하학을 '비유클리드 기하학'이라고 부릅니다. 또한 공간이 휘어진 정도인 곡률에 따라 곡률이 0인 경우에는 유클리드 기하학, 곡률이 음수나 양수인 경우에는 비유클리드 기하학으로 구분함으로써 기하학 일반의 체계로 설명할 수 있습니다. 그렇다면 제5공리는 '틀린' 것이 아니라 '특수한 경우'에 성립하는 진리일 뿐입니다.

모든 시민이 일반적인 과학 소양을 지니는 데 수학에 관한 전문적인 연구 결과나 공식을 전부 이해할 필요는 없습니다. 하지만 수학의 기본적인 개념과 특성 그리고 과학에서 수학을 사용하는 방식과 기본적인 사례를 이해하는 일은 누구나 할 수 있고, 또 필요한 일입니다. 특히 생활 속에서 수학적인 사고나 표현들을 활용하면 합리적으로 판단하고, 새로운 지식을 창조할 수 있는 역량까지 갖출 수 있을 것입니다.

과학의 관점에서 기술은 어떤 역할을 할까

인간은 오래전 셈을 통해 수학이라는 추상적 사고의 세계로 나아가게 된 것과 마찬가지로, 기술의 세계로도 접근할 수 있었습니다. 기술이란 '자연에 존재하는 것을 필요에 의해 변형시켜 도구나 해결 방법을 창조해내는 것'과 다르지 않기 때문입니다. 조상들은 사냥한 동물의 커다란 뼈를 잘 쪼개기 위해 돌을 더 날카롭게 쪼아냄으로써 뗀석기 시대를 열었습니다. 달리 말하면 뼈를 쪼개는 기술과 돌을 날카롭게 하는 기술이 탄생한 것이기도 합니다.

과학과 기술이 독자적으로 발전되어왔음을 보이는 사례는 많습니다. 과거에 바퀴를 이용한 운송수단을 만들어내는 기술은 힘의 전달이나 운동의 전환 또는 마찰과 에너지 손실에 대한 과학적 이해가 없이도 가능했고, 열의 본성이나 화학적 성질 변화에 대한 과학 이론이 없이도 고려청자의 아름다운 색을 만들어낼 수 있었습니다. 반대로 지금은 과거에 비해 물질의 화학적 성분이나 열에 의한 화학적 성질의 변화에 관해 많은 과학적 지식을 갖추고 있지만, 과거 고려청자를 만든 기술은 재현하지 못하고 있습니다.

이렇게 서로 독자적인 분야였던 과학과 기술은 과학적 지식을 응용할 수 있는 영역이 확대되고, 새로운 기술을 통해 과학 탐구를 발전시키는 사례가 늘어나면서 점차 밀접한 관계를 이루게 됩니다. 예를 들어 유리를 만드는 기술이 발달해 망원경이 만들어지면서 천문학이 새로운 발전 단계에 이르렀고, 물리학자들 역시 망원경의 성능 개발을 위해 빛의 성질을 이해하는 광학 연구에 많은 관심을 보였습니다. 이에 힘입어 망원경이나 현미경 등 광학 도구들이 더 정밀하게 발달할 수 있는 이론적인 기초가 만들어졌습니다.

오늘날에는 과학과 기술의 관계가 전면 확대되어 최첨단의 영역에서 하나가 되어 있다고 해도 과언이 아닙니다. 그래서 이제는 과학과 기술을 하나로 묶어 '과학기술'이라고 부르는 게 일반적입니다. 새로운 과학적 지식을 얻기 위해서는 기존의 과학과 기술의 성과를 집대성하여 구현된 첨단 기술이 필요한 경우가 많기 때문입니다. 더 빠르고 정밀하고 효율적으로 세계를 탐구하기 위해서는 한 단계 진보한 기술이 필요하고, 그러한 기술은 다시 더 깊은 과학적 지식과 이해를 토대로 만들어지곤 합니다. 예를 들어 빛과 렌즈를 사용해 직접 미시세계를 관찰하는 광학현미경이 기술적 한계에 부딪히자, 전자를 사용하여 이미지를 만드는 전자현미경이 개발되었습니다. 하지만 광학현미경은 살아있는 세포를 볼 수 있다는 장점이 있습니다. 그래서 최근 과학자들은 형광물질과 레이저, 여러 초점이 있는 렌즈, 이미지를 보정하는 컴퓨터 알고리즘 등을 이용해 기존 광학현미경의 한계를 뛰어넘는 형광현미경을 개발하였는데, 그 중요성 때문에 이 기술은 노벨상을 수상하기도 했습니다. 형광현미경 덕분

보이지 않던 것을 볼 수 있게 되면서 과학은 비약적으로 발전했다.

에 세포 내 생명활동의 직접적인 관찰이 더 정밀한 수준에서 가능해졌기 때문입니다.

과학 소양을 위한 기술이란 무엇일까

새로운 기술과 공학의 발전은 무엇보다도 우리가 살고 있는 세계의 모습을 크게 바꿀 수 있습니다. 컴퓨터나 스마트폰은 인류의 생활을 크게 바꾸었고, 이제 우리는 그것들이 없는 세계를 상상할 수 없을 정도입니다.

공학은 일상적인 측면을 넘어 방대한 분야를 형성하고 있습니다. 과학자가 아닌 한 그 모든 분야를 알고 이해하는 일은 불가능할뿐더러 필요하지도 않습니다만, 인류의 생존이나 미래와 밀접한 관련을 가지거나 우리 삶을 크게 바꾸어 놓을 핵심적인 공학기술은 누구나 관심을 갖고 지켜보아야 할 문제입니다.

기술과 공학에 관한 관심을 갖는 일은 사회문제를 해결하는 길이기도 합니다. 일상 영역에서 문제가 되는 스마트폰 중독에서부터 전 지구적 규모의 환경 오염과 생태계 파괴의 원인이 되는 플라스틱 사용과 그 분해기술에 이르기까지, 우리가 맞닥뜨린 많은 사회문제의 원인이나 해법이 기술과 공학의 문제이기 때문입니다. 따라서 건강한 미래를 창조하기 위해 기술과 공학을 알고 활용하는 능력을 갖추어야 하는 한편, 사회 구성원으로서 공학기술을 통해 사회문제를 해결하고자 하는 시민적 관심이 요구됩니다.

제2장

과학의 언어와 도구

◇

우주라는 위대한 책은
수학의 언어로 쓰여 있습니다.

◇

물리학자 갈릴레오 갈릴레이
Galileo Galilei
1564~1642

언어가 특정 지역의 의사소통을 위한 사회적 약속이라고 한다면 과학은 자연 현상을 설명할 때 전 지구적으로 통용되는 보편 언어라고 할 수 있습니다. 즉 과학은 '수학'이라는 언어로 기록되며, '논리'라는 도구로 사고하고, '단위'를 통해 여러 자연 현상을 측정한 양量을 표현합니다.

이 장에서는 먼저 과학의 언어로서 수학의 특징과 구조를 알아보고 나아가 과학과 수학이 어떻게 상호 작용하며 발전해가는지 살펴봅니다. 과학이 자연을 탐구한 결과를 나타내기 위하여 수학의 방법이나 표현 방식을 활용하는 한편, 수학 역시 과학의 필요에 의해 더 발전된 단계로 나아가게 됩니다.

다음으로 과학의 도구로서 논리의 중요성을 살펴봅니다. 과학 소양은 단순히 과학 지식을 습득하는 것을 넘어 과학 탐구 방법을 이해함으로써 길러진다고 할 수 있습니다. 논리는 과학 탐구를 수행하는 데 중요한 도구라고 할 수 있습니다. 또한 논리적 사고 능력은 과학 탐구 과정에서 함양할 수도 있습니다.

마지막으로 실험 과학에서 측정의 의미와 여러 가지 단위에 대해 살펴봅니다. 자연 현상에서 측정한 양을 수치화하기 위해서는 일정한 기준이 필요한데, 그 기준의 하나가 바로 단위입니다.

지금까지 언급한 수학, 논리, 단위 등 과학의 언어와 도구를 사용하는 주체는 바로 과학자 공동체입니다. 과학자들은 과학의 언어와 도구를 공유하면서 과학적 담론의 정통성과 타당성을 담보하는 파수꾼과 같습니다. 이 장에서는 과학자 공동체의 의미와 역할 그리고 미래의 전망을 제시하면서 마무리하겠습니다.

수학과 과학의 관계

수학은 어떻게 과학의 언어가 되었을까

인류는 문자와 언어를 이용하여 소통하며 지식을 전수해왔습니다. 이러한 독특한 특징을 바탕으로 인간은 사회를 구성하고 문명을 이룩할 수 있었었습니다. 그런데 인류의 언어는 지역별로 만들어져 사용되어 왔기 때문에 다른 지역 사람들과의 의사소통에는 어려움이 따랐습니다. 근대 이전에는 과학 지식 역시 지역별로 다른 언어로 기술하였지만, 과학혁명 이후에는 수학이라는 하나의 언어로 표현하기 시작하였습니다.

수학이 세계 공통 언어로 자리하면서 오늘날에는 과학의 원리를 수학이라는 언어와 문자(혹은 부호)로 표현하고 소통합니다. 예를 들어 과학에서는 수학의 언어와 표현 방식을 차용하여 과학 현상을 표현하기도 합니다. 예를 들어 순수 수학에서는 수의 덧셈 규칙을 수식을 이용하여

'1+2=3'이라고 표현한다면, 화학 분야에서는 수학의 수식을 차용하여 '두 개의 수소 분자와 한 개의 산소 분자가 화학결합을 하여 두 개의 물 분자를 만드는 현상'을 '$2H_2+O_2=2H_2O$'라는 화학식으로 표현하기도 합니다. 따라서 과학을 배우고 이해하기 위해서는 기본적으로 과학의 언어로서 수학을 알아야 할 필요가 있습니다.

$$1 + 2 = 3$$

$$\downarrow$$

$$2H_2+O_2=2H_2O$$

과학의 언어로서 수학은 어떤 구조를 지닐까

수학의 언어와 표현도 초기에는 지역에 따라 차이가 있었습니다. 그러나 과학혁명 이후 활발한 과학 탐구 활동과 더불어 꾸준히 수학 연구가 진행되면서 수학의 표현 방식과 구조가 전 세계적으로 통일을 이루게 되었습니다. 현재 수학은 지구상의 모든 지역에서 동일한 소통 방식을 사용하는 과학의 통일된 언어 중 하나라고 할 수 있습니다.

언어는 소리 혹은 문자와 같은 표현 방식과 이를 연결하는 문법적 구조를 가지고 있습니다. 이와 마찬가지로 수학에도 숫자나 도형과 같은 표현이 있으며, 이들 사이의 관계를 주로 기호를 사용하여 나타내는 규칙이 있습니다. 순수 수학에서의 이러한 표현 방식은 구체적인 자연 속의 대상을 상정하지 않고도 추상적으로 표현할 수 있습니다. 이와 달리 과학은 자연의 대상이나 그것의 변화를 탐구하므로 수학에서 가져온 추상적 개념을 구체적인 대상에 대입하여 수학의 언어로 표현합니다.

과학과 수학은 서로 어떤 영향을 주고받을까

역사적으로 볼 때, 수학의 언어는 자연의 대상을 기준으로 삼아 그 표현 방식을 만들었을 것으로 추정됩니다. 한편 근대의 과학은 탐구 과정에서 관찰한 자연 현상을 표현하기 위하여 수학을 이용하였으며, 나아가 새로운 수학 체계를 정립하는 역할을 하기도 하였습니다. 예를 들어 아주 큰 수를 표현하기 위해 로그log를 사용하거나, 물체의 운동을 명확하게 표현하기 위하여 미적분을 만들었습니다. 이처럼 자연 현상을 표현하기 위한 새로운 방식의 수학 언어들이 지속적으로 생겨난 결과 현대 수학을 이룩하게 되었다고 볼 수 있습니다.

그런데 최근의 수학은 자연의 대상과 상관없이 그 자체의 추상성 안에서 만들어지기도 합니다. 때때로 이러한 추상적인 수학이 만들어진 다음, 과학 탐구 과정에서 그에 해당하는 구체적인 자연 현상이 발견되면 그것이 다시 발전된 수학의 언어로 표현되기도 합니다.

이렇듯 과학과 과학의 언어로서 수학이 서로의 발전에 영향을 준다는 점은 과학 소양에서 수학의 중요성을 다시 한번 상기시킵니다. 과학에서는 다양한 형태의 자연 현상을 수학의 언어를 차용하여 표현할 뿐만 아니라 수학의 발전에 힘입어 새로운 과학 지식을 얻을 수 있기 때문에 수학을 이해하려는 노력은 필수적인 과학 소양이라고 할 수 있겠습니다.

논리와 과학의 관계

과학의 도구로서 논리의 의미는 무엇일까

과학이라는 학문을 교육받는 과정에서 자연에 관한 전문적인 지식을 습득하는 것도 중요하지만, 일반인들에게는 **과학적 방법을 이해하고 비판적 사고를 함양하는 것이 더욱 중요합니다.** 과학적 방법과 사고는 다양한 자연 현상을 이해하고 그로부터 유용한 기술을 획득하도록 도울 수 있기 때문입니다. 그런데 이를 위해서는 논리적인 사고와 표현의 습득이 기본적으로 필요합니다.

논리학은 인간의 사유와 관련된 형식과 규칙을 연구하는 학문입니다. 논리는 인간의 지적 활동을 명제들로 표현하고, 이러한 명제들 사이의 관계를 통하여 확실한 지식을 얻는 과정이라고 할 수 있습니다. 과학은 자연에서 일어나는 현상들에서 핵심적인 부분을 추출하고 이를 일반 언어나 수학과 같은 과학의 언어로 표현함으로써 과학자는 물론, 일반인들도 자연 현상을 이해할 수 있도록 합니다. 이때 그 표현 과정은 논리적이어야 합니다. 수학은 이미 그 안에 합당한 논리를 포함하고 있으므로, 수학이 아닌 일반 언어로 과학적 지식을 표현하는 경우 논리적으로 합당하게 구성할 필요가 더욱 큽니다.

논리에 의한 과학적 추론은 어떻게 전개될까

논리적 사고의 가장 기본적인 요소는 증거에 의하여 판단하고 제안하는 논증입니다. 과학은 논리학의 형식을 사용하여 과학적 현상을 설명할 수 있습니다. 이를테면, 과학은 자연 현상을 이해하기 위하여 가설을 세우는데, 이 가설을 만드는 방식은 논리적 추론을 따라야 합니다. 과학 탐구에서는 다양한 자연 현상들을 관찰하여 핵심적 증거를 수집하고, 이를 바탕으로 가설을 제안합니다. 그리고 그 가설을 유사한 다른 현상들에도 적용할 수 있는지를 논리적으로 판단하고 검증함으로써 자연의 원리를 알아냅니다.

일찍이 고대 그리스의 철학자 아리스토텔레스는 연역적 사고를 통한 논리학을 중시하였습니다. 중세를 거치면서 연역법deductive method*에 기초한 논리학은 철학의 가장 중요한 도구가 되었습니다. 근대에 들어와 철학자 베이컨F. Bacon은 귀납법inductive method**이라고 불리는 새로운 연구 방법을 제안하였습니다. 베이컨은 자연 현상을 연구하

* 연역법은 보편적 지식의 명제를 전제로 하고 논리적 형식에 따라 추론하여 새로운 명제를 도출할 수 있는 방법입니다.

** 귀납법은 다양한 경험과 관찰을 통하여 각각의 특수한 사례로부터 공통적인 원리를 얻는 방법입니다.

는 방법이 기본적으로 실험적이고 귀납적 특성을 지닌다고 보았습니다. 이에 관찰과 경험을 통해 가설을 설정한 후, 경험적 사실이나 실험을 통해 그 가설의 진위를 판별함으로써 일반적인 원리를 도출하고자 한 것입니다.

경험적 관찰을 매우 강조하는 베이컨의 귀납법은 아무리 많은 관찰 자료를 수집하더라도 우주에 있는 모든 것을 관찰할 수는 없다는 한계가 있습니다. 때문에 한정된 관찰로부터 전체를 설명하는 이론을 만드는 비약이 있게 됩니다. 그러나 베이컨의 귀납법은 아리스토텔레스의 연역적 논리학을 절대시하던 경향에서 벗어나, 근대적인 실험 과학의 방법론을 주창했다는 점에서 중요한 의의를 지닙니다.

과학 교육에서 논리는 얼마나 중요할까

과학은 자연 현상을 정의하고 설명하는 것을 목적으로 합니다. 이를 위해 자연 현상을 측정한 것을 수치로 표현하고, 수학적 언어를 이용하여 법칙이나 원리를 설명합니다. 그런데 자연 현상을 명확하게 정의할 수 없거나 수치로 측정하기가 모호한 경우가 발생할 수 있습니다. 그렇다면 수학적 표현을 포함하지 않은 채 정성적인 표현만을 활용하여 자연 현상의 원리를 설명해야 하는데, 이때 자연을 관찰하여 얻은 여러 현상들을 모으고 분석하면서 논리적 추론을 하게 됩니다.

예를 들어 19세기 중엽 영국의 생물학자 찰스 다윈C. Darwin은 갈라파고스군도에서 발견되는 핀치 새의 부리 형태를 분석하는 과정에서 논리적 추론을 활용하였습니다. 다윈은 생명체의 다양한 종들이 나타나는 원인

이 돌연변이와 자연선택으로 인한 진화에 있다고 추론하였습니다. 당시 과학으로는 이 모델을 정량적으로 뒷받침할 수는 없었습니다. 하지만 자연 현상에 대한 최선의 설명인 가설을 세우고 그것을 비판적으로 검토하는 과정은 충분히 논리적이라고 할 수 있습니다.

이렇듯 과학 탐구의 과정에서는 항상 논리적 추론이라는 도구를 사용하게 됩니다. 논리적 추론은 자연 현상의 연구에도 유용한 도구지만 과학 이외의 분야에서도 유용한 도구로 사용할 수 있습니다. 한편 일반인들은 과학적 추론을 해내는 과정에서 논리를 쉽게 습득할 수 있기 때문에 논리는 과학 교육에서 가장 중요하게 다루어야 하는 도구 중 하나라고 할 수 있습니다.

측정과 단위는 왜 중요한가

과학에서 측정은 왜 중요할까

과학이 한 단계 더 진보하려면 이론과 실험이 함께 발전해야 합니다. 실험이 먼저 이루어진 경우에는 실험 결과를 설명할 수 있는 이론이 나와야만 새로운 현상을 예측하거나 응용할 수 있습니다. 반대로 이론이 먼저 나온 경우에는 이론을 실험적으로 증명해야만 그 이론을 신뢰할 수 있습니다.

과학에서 이론이 수학과 논리를 바탕으로 만들어지는 것이라면, 실험은 측정을 통해서 이루어집니다. 측정이란 측정하려는 대상, 즉 양을 일정한 기준과 비교하여 구체적인 값을 얻는 과정을 말합니다. 측정값은 숫자와 기준으로 표시하는데, 그 기준의 하나로 단위를 사용합니다. 예를 들어 '내 키는 180cm이다.'라고 할 때 '180'의 숫자와 'cm'의 단위가 함께 '키'라는 '길이'의 양을 나타냅니다.

측정한 양을 단위로 어떻게 나타낼까

과학에서 측정하려는 양의 종류는 매우 다양합니다. 또한 과학과 기술이 발전할수록 측정할 양의 종류는 점점 더 늘어날 것입니다. 그런데 새롭게 측정되는 대부분의 양은 몇 가지 기본적인 양의 복합적인 조합으로 만들어지는 것입니다. 예를 들어 속력이라는 양은 일정한 시간 동안 움직인 거리, 즉 거리/시간으로 나타낼 수 있습니다. 이때 속력을 유도량, 시간과 거리를 기본량이라 합니다.

기본량에는 길이, 질량, 시간, 전류, 열역학적 온도, 물질량, 광도의 7가지가 있습니다. 또 이 기본량을 나타내는 단위를 기본단위라고 합니다.

기본량	기본단위
길이	미터(m)
질량	킬로그램(kg)
시간	초(s)
전류	암페어(A)
열역학적 온도	켈빈(K)
물질량	몰(mol)
광도	칸델라(cd)

한편 이 7가지 기본량을 조합해서 나오는 새로운 양과 단위를 유도량, 유도단위라고 합니다. 어떤 유도단위는 특별히 새로운 명칭을 부여받기도 합니다. 힘은 일정한 질량을 가진 물체를 가속시키는 유도량으로, 기본단위로 표시하면 $kg \cdot m \cdot s^{-2}$ 입니다. 이는 1킬로그램의 물체를 1초에 1m/s의 속력만큼 가속시키는 힘을 나타낸 것입니다.

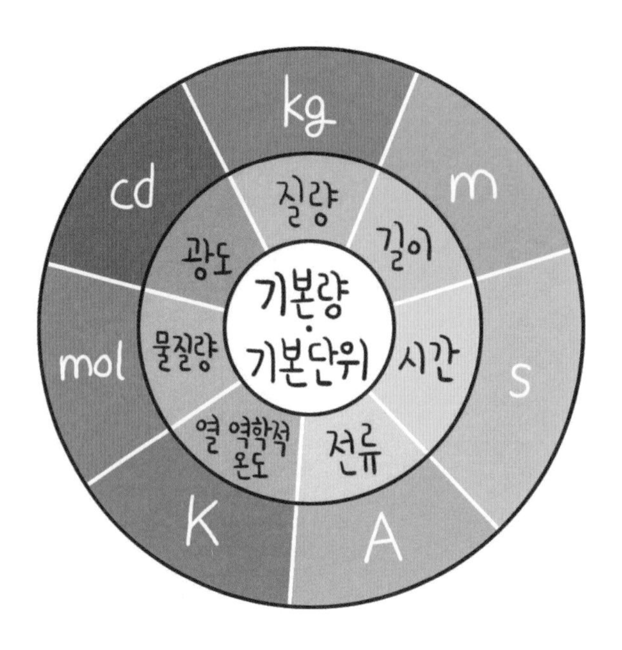

그런데 이 힘을 나타내는 표시는 너무 복잡하므로 별도로 뉴턴(N)이라는 새로운 명칭과 단위로 나타냅니다. 이와 같이 새로운 명칭을 부여받은 유도단위는 주파수의 헤르츠(Hz), 에너지의 줄(J), 전하의 쿨롬(C), 조명도의 럭스(lx) 등 22개가 사용되고 있는데, 앞으로 더 늘어날 것으로 전망되고 있습니다.

양과 단위는 어떻게 정할까

기본량과 유도량, 기본단위와 유도단위는 국제적 협의를 통해 만들어집니다. 양과 관련된 국제기구로는 ISO(국제표준화기구)와 IEC(국제전기기술위원회)가 있습니다. 단위와 관련된 국제기구로는

CGPM(국제도량형총회)가 있고, 그 산하에 CIPM(국제도량형위원회) 및 BIPM(국제도량형국)이 있습니다.

ISO와 IEC에서 다루는 7개의 기본량을 기반으로 한 시스템을 '국제적 양의 체계' 또는 'ISQInternational System of Quantities'라고 부릅니다. 그리고 7개의 기본단위 및 유도단위를 포함한 계를 '국제단위계' 또는 'SILe Système international d'unités'라고 부릅니다. 국제적으로 통일된 양과 단위를 사용하면 지식과 정보를 공유하기 쉽고, 무역과 상거래가 편리하다는 장점이 있습니다.

단위가 될 수 있는 값은 어떤 것들일까

측정량을 나타낼 때는 기준이 되는 단위가 필요합니다. 어느 문화권에서든 길이 · 질량 · 시간 등을 나타내는 고유한 단위를 만들어 사용해왔지만, 과학이 발달하면서 세계적인 표준이 필요하다는 생각이 대두되었습니다. 오늘날 사용되는 표준적인 SI, 즉 국제단위계의 원형은 프랑스 혁명 직후 프랑스에서 만들어졌습니다.

초기의 기본단위는 주로 일상적이고 친숙한 현상에서 유도되었습니다. 하루를 24시간으로 나누고, 1시간을 60분으로, 1분을 60초로 나눈 것이 대표적인 예입니다. 실제로 하루의 길이는 1년을 주기로 달라지고 장기적으로는 천천히 느려지고 있습니다만, 당시에는 그러한 점들을 고려하지 못했습니다. 또 지구 둘레를 기준으로 1m를 정하고, 일정한 온도의 순수한 1리터의 물의 질량을 1kg으로 정한 것도 마찬가지입니다.

하지만 초기의 단위는 상황이나 환경에 따라 달라질 수 있는 값을 기준으로 하고 있었기 때문에 점차 쉽게 변하지 않는 값으로 단위를 새롭게 정의하게 되었습니다. 예를 들어 길이의 단위인 미터(m)는 1899년 백금과 이리듐의 합금으로 만든 국제 미터원기international prototype of meter에 의해 정해졌습니다. 당시 이 합금은 잘 변하지 않는다는 이유로 선택되었지만, 전쟁이나 자연재해 등으로 파손될 가능성이 있었을 뿐만 아니라 온도나 습도의 변화에 따라 미세하게 변할 수도 있었습니다. 이에 미터의 정의는 크립톤 원자에서 발생하는 복사선의 파장으로 다시 바뀌었다가, 1983년에 빛의 속력을 기반으로 재정의되어 현재까지 이어지고 있습니다. 새로운 정의에 따르면, 1미터는 빛이 진공 중에서 1/299,792,458초 동안 진행한 경로의 길이입니다. 여기서 분모의 숫자는 진공에서 빛의 속력에 해당합니다. 이 값은 아인슈타인의 특수상대성 이론에서 언급한 것처럼 변하지 않는 상수입니다.

한편 이 값의 불확도는 0입니다. 불확도uncertainty of measurement란 같은 양을 여러 번 측정했을 때 측정값이 달라 분산되어 있는 정도를 말하는데, 불확도가 작을수록 정확도가 높습니다.

오늘날 미터(m)를 포함한 대부분의 기본단위는 자연의 기본 상수fundamental constant를 바탕으로 정해지는데, 기본 상수는 국제기구를 거쳐 결정됩니다. 과학기술데이터위원회CODATA는 전 세계적으로 기본 상수와 관련된 데이터를 수집해 매 4년마다 그 값을 재조정하고 있습니다. 이를 통해 국제 사회는 단위를 정의하는 값의 불확도가 최소한이 되도록 노력하고 있습니다.

기본 상수를 이용해 재정의한 단위에는 무엇이 있을까

앞서 본 미터(m)를 포함하여 현재 7개 기본단위는 각각 나름의 역사적 배경과 특성에 따라 정의되어 사용되고 있습니다. 예를 들어 질량의 킬로그램(kg)은 아직도 백금과 이리듐의 합금으로 만들어진 국제 킬로그램원기international prototype of kilogram에 의해 정의됩니다. 세계 여러 나라는 이것의 복사본을 받아서 국가 킬로그램원기로 사용하고 있습니다. 이 복사본은 원본과 주기적으로 비교 측정하는데, 그 값이 세월의 흐름에 따라 서로 어긋나고 있다는 것이 밝혀졌습니다. 원본에 대해 복사본이 변했다고 볼 수 있지만, 어쩌면 원본이 변했을 수도 있을 것입니다.

이런 이유로 인해 킬로그램(kg) 단위의 재정의에 대한 요구가 오래전부터 있었습니다. 이에 CGPM(국제도량형총회)은 7개 기본단위 모두를 기본 상수를 바탕으로 2018년에 재정의하기로 결정했고, 이를 위해 세계 여러 나라의 국가측정연구기관에서는 수년 전부터 집중적으로 연구를 수행해왔습니다.

그 결과, 질량의 단위인 킬로그램은 플랑크 상수Planck constant를 통해 정의할 예정입니다. 플랑크 상수는 양자역학에서 나온 상수로, 에너지의 최소 단위입니다. 이 에너지는 상대성 이론에 따라 질량으로 전환이 되기 때문에 플랑크 상수를 이용해 질량을 정의할 수 있는 것입니다.

온도의 단위인 캘빈(K)은 볼츠만 상수Boltzmann constant를 이용해 정의할 예정입니다. 볼츠만 상수는 미시적인 입자 수준의 에너지와 거시 수준의 온도를 연결시켜주는 상수입니다. 기존에는 캘빈을 정의하면서 물의 삼중점, 즉 고체·액체·기체가 모두 공존하는 상태의 온도를 기반으로 했는데, 이것이 물이라는 특수한 물질에 의존한다는 점에서 더욱 보편적인 상수로 대체하기로 한 것입니다.

물질의 양의 단위인 몰(mol)은 탄소동위원소이자 질량이 정확히 12g인 탄소-12(12g에 들어 있는 탄소 원자의 수)를 이용해 정의해왔습니다. 하지만 이제 몰은 아보가드로 수Avogadro number에 의해 정의합니다. 아보가드로 수는 6.022×10^{23}라는 고정된 상수인데, 1몰은 어떤 물질 안에 분자 또는 원자 입자가 아보가드로 수만큼 들어있을 때의 양과 같습니다.

7개의 기본단위 중 미터(m)는 빛의 속력으로 재정의되었고, 암페어(A)는 기본전하elementary electric charge를 이용해 재정의할 것입니다.

그런데 7개의 기본단위 중에서 2018년 이후에 다시 정의될 것으로 예상되는 단위가 있습니다. 그것은 현재 세슘(Cs)원자의 초미세분리 주파수에 의해 정의되어 있는 시간의 단위인 초(s)입니다. 초미세 분리 주파수란, 원자의 에너지가 최저인 바닥상태와 그 위의 에너지 준위 사이에서 전자가 점프할 때 생기는 감마선의 주파수를 말합니다. 이 감마선이 9,192,631,770번 진동하는 데 걸리는 시간이 바로 1초입니다. 그런데 이제 초(s)는 좀 더 보편적인 값인 뤼드베리 상수Rydberg constant를 이용하여 재정의할 것으로 예상됩니다. 뤼드베리 상수란 원소에서 나오는 빛의 스펙트럼에서 파장을 정확히 구하는 데 사용되는 상수로, 원소에 따라 고유한 값이 정해져 있습니다. 속력은 m/s인데, 빛의 속력이 고정되어 있으므로 거리에 관련된 값인 뤼드베리 상수를 사용하면 시간의 단위를 정의할 수 있습니다.

과학자 공동체의 역할과 전망

과학자 공동체의 역할은 무엇일까

언어마다 그 언어와 문화를 공유하는 언어 공동체가 있듯이 과학 역시 같은 언어를 공유하는 과학자들로 이루어진 공동체가 있습니다. 과학자 공동체the scientific community는 이론적 가정과 법칙의 타당성, 연구 진행 방식, 정식 과학 여부를 판단하는 기준 등을 포괄한 각종 '패러다임'을 공유하는 집단입니다.

오늘날 과학을 생산하는 전문가 집단인 과학자 공동체는 연구 규범을 준수하고, 과학적 주장을 검증하는 역할을 수행합니다. 과학 활동은 동료 과학자 집단의 검토와 인정을 받아야 비로소 과학의 지위에 오를 수 있기 때문입니다. 과학자 공동체는 새로 제안된 과학적 담론을 기존 주장이나 이론은 물론 전문적인 증거와 논거에 기반을 두고 논의합니다. 이를 통해 과학적 주장이나 담론의 정통성과 타당성을 확보하고 관리하는 파수꾼 역할을 합니다.

과학자 공동체는 어떻게 형성되었을까

문명 이전의 자연은 위협적 존재였습니다. 너무 덥거나 춥고, 먹을 것이 부족하고, 때때로 가뭄과 홍수나 지진 등이 일어나 순식간에 많은 죽음을 초래하기도 했습니다. 이러한 자연에 관한 지식은 인류 생존 이후부터 축적되었지만, 그리스 시대에 이르면서부터 체계화되었습니다. 자연철학이 발전하면서 인간은 신이 지배한다고 믿었던 자연 현상의 원인을 자연 현상 자체에서 찾기 시작하였습니다.

자연 세계에 대한 설명이 현대와 같은 모습을 갖추기 시작한 것은 17세기 무렵이었습니다. 코페르니쿠스에서 시작된 천문학 혁명이 뉴턴의 운동 법칙으로 정점에 달하는 과정을 거치며 여러 과학적 사유가 체계적으로 정립되었습니다. 이러한 근대 자연과학은 귀

납적 방법과 함께 시작되었는데, 이에 따라 과학자들은 자연 현상을 관찰한 사례들로부터 공통의 원리를 찾아내었습니다.

뉴턴 이후 과학자들은 뉴턴의 방법을 모델로 삼아 전기와 자기 및 열 분야에서 연구를 해나갔습니다. 그 과정에서 각 분야별로 집단을 이루며 학문이 분화되었는데, 약 200년 전에 물리학과 생물학 등을 필두로 나뉘다가 점차 더욱 세부적인 분야가 등장했습니다. 당시 과학자들은 복잡한 문제를 단순한 문제로 나누어 문제의 본질을 해결하는 분석적 혹은 환원론적 방법을 주로 사용하였으며, 대부분의 연구를 개인 연구자 수준에서 산발적으로 진행하였습니다. 다만 이들의 연구는 이전 과학자들의 관찰을 참조하는 방식의 협력적 결과물로 볼 수는 있습니다.

오늘날 과학자 공동체는 어떤 모습일까

20세기 초의 과학은 상대성 이론과 양자역학으로 대표되는 또 한 번의 커다란 혁명을 경험합니다. 상대성 이론은 아인슈타인A. Einstein이 10여 년에 걸쳐 독자적으로 정교화한 데 반해, 양자역학의 경우는 수십 명의 과학자들이 약 30년 동안 논의하고 협력하는 과정을 통해서 정립되었습니다.

과거의 환원론적 방법은 몇몇 자연 현상을 설명하는 데서 한계에 부딪혔습니다. 전체를 세부 구성 요소로 나누고, 각 구성 요소를 이해하면 전체를 이해할 수 있을 것이라는 생각에는 몇 가지 문제가 따랐습니다. 각 구성 요소를 이해한다고 해도, 전체를 놓고 볼 때는 각 구성 요소의 단순한 총합과는 다른 새로운 현상이 나타났던 것입니다. 예를 들어 인체의 근골격과 내장 그리고 순환계를 이해하더라도 그것의 전체를 이루는 생명이 어떻게 나타나는지를 이해할 수는 없었습니다.

이렇듯 여러 구성 요소가 모여 전체를 이룰 때 전혀 예기치 못했던 현상이 나타나는 창발 현상은 더욱 종합적이고 총체적인 이해를 필요로 하였습니다. 이에 다양한 전공 분야의 과학자들이 협력하여 과학 지식을 공동으로 생산할 필요성이 대두되었습니다. 소수의 우수한 과학자의 능력이 중요했던 과거와는 달리, 현대 사회에서는 다양성과 독립성을 가진 여러 과학자 집단의 통합된 지성이 더욱 중요해진 것입니다. 바로 이런 점에서 과학자 공동체는 과학의 발전을 위해 필수적인 도구가 되었습니다.

미래의 과학자 공동체는 어떤 모습일까

미래 사회는 정보나 지식의 생성과 공유가 더욱 빠르고 방대하게 일어날 것입니다. 과거 과학자 공동체는 자발적인 소규모 그룹 활동이나 공공적인 학회 또는 국가 지원 아카데미 활동 등을 통해 산발적으로 협력해왔습니다. 하지만 미래에는 학문 분야와 연구 방법 등이 더욱 세분화·전문화될 뿐만 아니라, 학문 간에 대규모의 융합이 이루어질 것입니다. 이에 따라 창의적인 문제해결을 위해 집단 능력과 집단 지성 등이 더욱 강조될 것이므로, 과학 발전을 위한 과학자 공동체의 역할은 그 중요성을 더하며 더욱 폭넓게 이루어질 전망입니다.

제3장

과학의 방법

◇

진정한 과학은 의심하기와,
무지를 멀리하기를 가르쳐줍니다.

◇

생리학자 클로드 베르나르
Claude Bernard
1813~1878

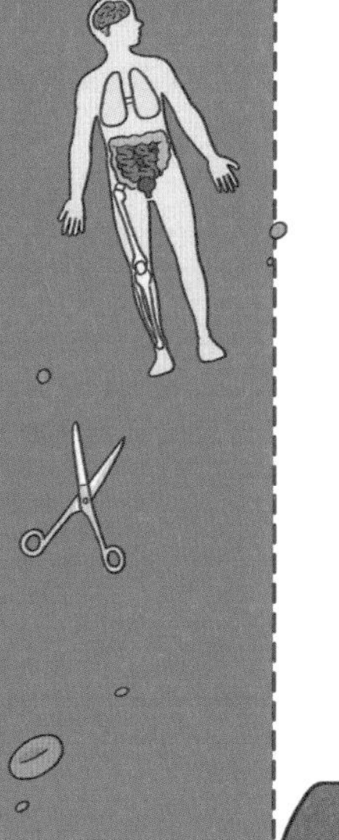

과학이 '앎'이라는 뜻을 지닌 라틴어에서 유래한 것처럼, 과학이란 자연 현상을 지배하는 혹은 설명할 수 있는 법칙을 알아내고자 하는 학문입니다. 이 법칙을 찾기 위해 활용하는 과학의 독특한 방법을 과학 탐구라고 합니다. 과학 탐구는 관찰·측정·실험 등과 같은 실증적 연구와 함께 논리적 추론과 같은 과학적 사고를 통해 참된 지식을 얻어내려는 활동입니다.

과학 탐구를 올바르게 수행하기 위한 능력은 오늘날 과학 교육이 추구하는 중요한 목적으로, 교육 분야에서 과학과 핵심 역량으로 재해석되고 있습니다. 이와 함께 과학 탐구에서 갖추어야 할 자세인 과학적 태도 역시 주요 목표로 여겨지고 있습니다.

과학 소양을 갖춘다는 것은 과학 지식을 습득하는 것뿐만 아니라 과학적 방법과 사고, 태도를 갖추는 것이기도 합니다. 과학을 배우고 과학자가 된다는 것은 과학이라는 하나의 문화 체계에 입문하는 문화화 과정으로 비유되기도 합니다. 따라서 최근에는 과학적 방법과 사고, 태도 등을 포괄하여 과학 역량으로 표현합니다.

이 장에서는 과학의 방법으로서 과학적 방법과 사고의 특성, 과학 역량과 태도를 설명합니다. 나아가 이러한 과학적 인식 방법과 탐구 방법이 인문·사회과학 등 다른 학문 분야에서 어떻게 활용되는지 알아봅니다. 이를 통해 오늘날 여러 학문이 과학으로 분류되는 이유를 이해할 수 있을 것입니다.

과학적 방법과 사고

과학적 방법의 본성은 무엇일까

과학 탐구는 관찰과 경험을 바탕으로 다양한 자연 현상을 공통적으로 설명하는 원리를 발견하고, 그 원리를 바탕으로 미래를 예측합니다. 이 과정이 반복되면서 설명과 실제 사이의 오차를 줄여나가는 것입니다.

그런데 과학의 어떤 분야는 직접적인 관찰이나 측정이 어려워 보이기도 합니다. 예를 들어 고생물학이나 고인류학은 과거의 현상을 연구하고 추측합니다. 이러한 분야에서는 현재까지 알려져 있거나 남아 있는 과거의 흔적을 증거로 과거의 현상을 가장 잘 설명할 수 있는 원리를 찾아야 합니다. 따라서 과거의 생태 환경을 추측하여 모형화한 컴퓨터 프로그램을 작동시키거나 화석으로부터 실제 생물의 모습을 추정해본 뒤 그것의 타당성을 검토하는 등 간접적인 검증 방법을 선택합니다.

하지만 이러한 분야 역시 어떤 현상을 설명하기 위해 가설을 세우고 그 가설이 현상을 잘 설명하는지 검토하는 과정 자체를 따른다는 점에서 과학의 다른 분야와 다르지 않습니다.

이는 관찰이나 측정에 앞서 보편적 지식을 바탕으로 한 논리적 추론에만 근거해서 탐구해야 하는 경우에도 마찬가지입니다. 예를 들어 태양계의 운동을 설명하기 위해서 지동설의 태양 중심 모형과 천동설의 지구 중심 모형이 서로 경쟁했던 16~17세기를 살펴보겠습니다. 운동은 상대적인 것이기 때문에 천체의 운동은 태양을 중심으로 한 가설로 설명할 수도 있고, 지구를 중심으로 한 가설의 경우에도 마찬가지였습니다. 다만 수학적인 계산 방식과 정확도에서 차이가 날 뿐이었습니다. 그런데 당시 새롭게 제시된 태양 중심 모형에 비해 지구 중심 모형은 천 년이 넘는 역사를 갖고 있었고, 오랫동안 연구되어온 탓에 수학적 계산법의 정확도가 높았습니다. 또한 당시의 측정 기술로는 연주 시차, 즉 먼 별을 관측할 때 계절별로 그 방향의 차이에 따라 생기는 각을 측정하기가 어려웠습니다. 때문에 관측 사실 역시 태양 중심 모형을 뒷받침하지 못했습니다. 이처럼 태양 중심 모형은 계산적 정확성과 측정에서의 타당성이 부족했으나, 이론적 추론에 근거하여 지구 중심 모형과의 경쟁에서 이길 수 있었습니다. 실제로 태양 중심 모형의 중요한 근거가 되는 연주 시차는 모든 사람들이 태양 중심 모형을 받아들이고도 한참 후인 19세기 후반에서야 비로소 측정할 수 있었습니다.

오늘날에는 주제와 연구의 목적에 따라 다양한 과학적 방법을 선택적으로 사용하고 있습니다. 예를 들어 가정된 전제를 통하여 결과를 연역한 뒤, 경험 또는 실험을 거쳐 전제의 진위를 판단하기도 합니다. 하지만 앞서 본 사례와 같이 가설을 세우고 그것의 검증 과정을 거치는 방법 자체는 과학 탐구의 본성으로서 공유하고 있다고 할 수 있습니다.

과학적 사고란 무엇일까

과학적 사고란 과학적 방법의 근간이 되는 것인데, 과학적 방법에서 사용되는 정신적 추론 과정 혹은 추리 유형이라고 할 수 있습니다. 과학적 방법은 증거와 이론 사이의 관계를 기준으로 크게 두 가지로 설명됩니다. 즉 증거들로부터 이를 설명할 수 있는 일반적인 이론을 도출하는 귀납적 방법과, 이미 밝혀진 이론을 개별 현상에 적용시켜 새로운 의미를 도출하는 연역적 방법이 그것입니다. 여기서는 과학적 사고의 예로 논리적 사고와 비판적 사고, 창의적 사고를 설명하겠습니다.

과학적 사고는 과학 탐구에서뿐만 아니라 우리의 일상에서도 활용됩니다. 하지만 과학 탐구 과정에서의 과학적 사고는 일상에서보다 좀 더 엄밀한 기준에 따라 적용된다는 점에서 차이가 있다고 볼 수 있습니다. 또한 과학 탐구를 할 때는 정해진 방법론을 따르기보다 어떤 방법을 사용하여 연구할지를 다각도로 분석하여 결정하는데, 과학적 사고는 바로 이 과정에서 중요한 역할을 하기도 합니다.

논리적 사고란, 연역과 같이 주어진 전제에서 확실한 결론을 이끌어내거나 귀납을 통해 가장 그럴 법한 결론을 추측하는 사고방식입니다. 논리라는 말은 전제와 결론 사이의 형식적인 관계를 가리키는데, 전제로부터 결론을 이끌어내는 규칙을 잘 지켜 오류가 생기지 않도록 하는 것이 논리적 사고라고 할 수 있습니다.

그런데 충분히 논리적으로 생각하고 있는지 어떻게 알 수 있을까요? 이때 필요한 것이 논리적 사고의 과정을 합리적이고 반성적으로 검토할 수 있는 비판적인 사고입니다. 쉽게 말해, 생각을 더 잘하기 위해 생각에 관해 생각하는 사고라고 할 수 있습니다. 여러 아이디어 중에서 최선의 아이디어를 선택하는 것도 같은 맥락에서 비판적 사고라고 할 수 있습니다.

과학 탐구에서는 전혀 색다른 측면에서 접근해 새로운 문제를 발견하거나, 기존에 없던 해법을 찾아야 하는 경우도 있습니다. 이때는 논리적 사고나 비판적 사고를 하는 것만으로는 충분하지 않습니다. 이와 관계 깊은 과학적 사고가 바로 창의적 사고입니다. 창의적 사고는 기존의 지식을 바탕으로 전혀 새로운 발상을 생산하는 능력입니다. 창의적 사고는 분석력, 종합력, 평가력 등을 바탕으로 하기 때문에 문제를 해결하기가 어려울수록 더욱 중시되는 특징이 있습니다. 과학이 크게 발달하고 과학적 지식의 양이 폭증한 20세기 중반 이후부터, 과학과 기술의 거의 모든 분야에서 창의적 사고의 중요성이 부각되기 시작했습니다.

과학적 사고가 종합적으로 잘 발휘된 사례로, 아인슈타인이 상대성 이론을 제창한 과정을 생각해볼 수 있습니다. 아인슈타인은 사고실험을 통해서 기존의 뉴턴 물리학으로는, 빛의 속도로 달려가며 다른 빛의 운동이 어떻게 보이는지 설명하는 것이 불가능하다는 결론을 내리고 새로운 물리학이 필요하다는 점을 알게 됐습니다.

상대성 이론은 '빛과 함께 달리면 빛은 어떻게 보일까?'라는 유명한 상상에서 출발하였다.

이런 과정에서 아인슈타인은 기존에는 누구도 시도해본 적이 없는 창의적인 사고 실험을 고안하였고, 기존 이론의 한계를 밝히는 비판적인 사고를 발휘했습니다. 또한 뉴턴의 몇 가지 가정을 바꾼 뒤, 그 가정이 옳다면 시간과 공간이 절대적인 것이 아니라는 결론을 내려야 한다고 논리적으로 추론했습니다. 이렇게 과학적 사고를 자유자재로 활용한 아인슈타인은 마침내 상대성 이론을 정립하여 물리학의 혁명을 가져올 수 있었습니다.

과학적 방법과 사고는 다른 분야로 확장할 수 있을까?

과학적 방법은 어떻게 활용될 수 있을까

자연과학은 자연을 보편적이고 객관적으로 탐구하고자 한 오랜 역사 속에서 구체적인 연구 방법론을 많이 만들어 놓았습니다. 그것들은 다른 학문 분야에서도 유용한 도구로 사용되면서 과학적 방법론이 널리 활용되는 데 큰 역할을 하였습니다.

가설을 검증하기 위한 실험 방법론은 실험군과 대조군을 통해 원인과 결과 사이의 인과관계를 발견하거나 확인하는 것입니다. 인간을 연구 대상으로 하는 심리학에서 역시 이러한 실험법을 통해 중요한 지식을 얻어낼 수 있다는 사실을 발견했습니다. 일례로, 인위적으로 통제된 조건에서 탐구하고자 하는 변인을 변화시킴으로써 그 효과를 측정할 수 있습니다. 하지만 이것으로 심리학의 연구가 끝나는 것은 아닙니다. 피실험자들이 실험의 내용을 알고 의도적으로 행동을 바꿀 수도 있기 때문에, 실험이 잘 설계되었는지, 행동의 변화가 확실히 변인에 의한 것이라고 확신할 수 있는지, 또 피실험자들이 느낀 내면의 변화는 어떤 것인지 다각도로 검토하거나 보완하는 노력이 필요합니다. 하지만 무생물인 자연을 대상으로 하는 실험이 사람을 대상으로 하여도 유용한 탐구 방법이 된다고 본 것은 심리학을 더욱 단단한 기초 위에 놓이게 했습니다.

한편 경제학에서는 사회 전체를 연구 대상으로 하는 경우가 많아 그를 대상으로 대규모의 실험을 하기는 어렵습니다. 이에 경제학은 정량화·수학화하는 방법을 더욱 발전시켰습니다. 복잡한 경제 현상이나 활동에서 발견한 규칙성을 수학적인 법칙으로 나타낸 것에 근거해 미래를 예측하거나 인과관계를 설명하고 활용하는 것입니다. 오늘날 경제학은 통계자료를 통한 검증이나 컴퓨터 시뮬레이션의 방법을 사용하는데, 사회과학의 여러 학문 중 가장 정밀한 연구 방법을 갖추고 있다고 평가되기도 합니다.

과학적 방법론이 다른 분야의 연구에서 도구로 활용되는 경우는 더욱 많습니다. 예를 들어 세 명의 저자가 익명으로 기고할 때 글의 원저자가 누군지 확실히 알아내고자 하는 연구에서는 해당 글에서 자주 사용되는 단어나 단어의 평균 길이, 구두점의 습관 등을 정량화한 것을 기준으로 해당 글을 각각의 저자에게 귀속시키기도 합니다.

고대의 생활사를 복원하고자 고고학적 발굴을 할 때는 유물의 연대를 측정하면서 방사성탄소연대측정법과 같은 절대연대측정법이나 지질층서학을 이용한 상대연대측정법을 활용합니다. 여기서는 가설을 세우고 실제 발굴을 통해 과학적 검증을 거치며, 컴퓨터와

통계학을 활용한 과학적 방법을 응용합니다. 또한 미술품이나 문화재를 발굴하여 보존하거나 감정하는 분야 역시 과학적 방법을 활용하며 발전하고 있습니다.

자연과학과 인문학의 방법론은 어떤 관계일까

과학은 연구 대상에 따라 자연과학, 인문과학, 사회과학 등으로 구분할 수 있습니다. 여기서 인문과학은 인문학의 학문적인 성격을 강조하는 데서 나온 것입니다. 그런데 한때, 자연과학과 인문학은 그 연구 대상과 방법론은 물론, 서로 문화가 달라 대화가 이루어지지 않는다는 주장이 설득력을 얻어 '두 문화the two cultures'라는 표현이 자주 사용되기도 하였습니다.

오늘날에는 서로 다른 학문 영역 사이의 대화가 더욱 활발해지고 있어, 과학적 방법을 공유하는 일은 더욱 확대되고 있습니다. 자연과학과 마찬가지로, 인문학과 사회과학 역시 보편적이고 객관적인 지식을 추구하면서 과학적 인식 방법과 탐구 방법을 활용하기 때문에 모두 과학이라고 불립니다.

하지만 자연 세계를 연구 대상으로 하는 자연과학에서 정량적 측정이 더 용이하고, 비교적 분명한 인과관계를 통해 더 정확한 예측을 할 수 있다는 점은 분명해 보입니다. 사회과학에서는 자연과학과 같은 정량화나 법칙성을 성취하기가 어렵거나 불가능한 경우도 있습니다. 게다가 사회과학은 자연과학과 달리, 언어와 같은 상징 체계의 법칙에 따라 의사소통하고 상호 작용하는 것을 목적으로 합니다. 또한 사회적 현상 및 세상에 대한 풍부한 기술 및 묘사에 가치를 둡니다. 이런 점 때문에 과학적 엄밀성에서 차이가 나거나 세부 사항을 위한 질적 연구를 중요시합니다.

그러나 연구 방법 측면에서 비교적 자유롭게 의미와 해석을 추구하는 인문학에 비하면, 사회과학은 자연과학의 방법론을 상당한 정도로 공유하고 있습니다. 즉, 관찰 가능한 정보를 바탕으로 지식을 생산하고 축적한다는 점에서 매우 과학적입니다. 사회과학 역시 초기에는 인문학처럼 개인의 통찰이나 역사적 사례를 통해 인간과 사회에 대한 통찰을 얻으려고 했습니다. 하지만 과학적 방법을 접목하면서 과학적 절차에 따라 지적 활동을 수행해나가는 분야로 정립되었습니다. 이렇듯 사회과학은 자료 수집과 이론 구축 과정 등에서 과학적 절차를 활용하면서 지식의 축적이 가능하게 되었습니다.

이러한 학문 간 차이는 인문학의 방법론과 자연과학의 방법론 중에서 후자가 무조건 우월하다는 것을 의미하지는 않습니다. 인간은 인간을 비롯하여 사회와 생태계 등 주변의 다양한 존재를 탐구 대상으로 합니다. 그 과정에서 사회 현상이나 구조 또는 다양한 변화 등에 대해서 주관적인 경험을 포용하며 해석과 이해를 추구해야 하는 경우가 있고, 자료에 바탕을 두고 수학적으로 표현되는 객관적인 법칙을 도출해야 하는 맥락이 있는 것입니다. 그뿐만 아니라 자연과학도 기존 이론의 한계에 부딪혀 새로운 이론을 이끌어내려는 경우에 창의적 사고를 바탕으로 상상력을 발휘할 필요가 있습니다. 그러므로 특히 미래 사회에 대비하여 인문학과 대화해나가는 일이 중요하다고 할 수 있습니다.

과학 소양으로서의 과학적 역량과 태도

과학적 역량이란 무엇일까

사회의 모든 구성원이 행복하고 성공적인 삶을 영위하기 위해 기본적으로 갖추어야 할 보편적인 능력을 '핵심 역량key competencies'이라고 부릅니다. 과학기술이 사회를 움직이는 기반이 되고 삶을 바꾸는 원동력이 되는 사회에서, 그 구성원인 개인이 행복하고 성공적인 삶을 영위하기 위해서는 과학기술을 알고 활용하는 능력을 갖추어야 합니다. 21세기가 시작되기 바로 직전, 경제협력개발기구OECD는 21세기형 인간에게 요구되는 핵심 역량을 규명하기 위한 프로젝트를 진행하였고, "직업적 상황을 포함한 삶의 상황에서 발생하는 요구를 개인의 인지적·심리사회적 특성을 동원하여 성공적으로 대처해나가는 능력"을 핵심 역량으로 정의하였습니다.

핵심 역량이 가장 중요하게 여겨지는 곳이 바로 교육의 영역으로, 오늘날 핵심 역량은 21세기 미래 사회를 이끌어갈 인재를 위한 미래 대비의 일환으로 정책적으로 강조되고 있습니다.* 핵심 역량은 각각의 학문 분과로부터 얻어져 완성되는 조립품이 아니라, 인성적·지적·사회적 측면을 포괄하는 다차원적이고 총체적인 능력입니다. 물론 과학 교육에서 특별히 더 중요하게 다루고 더 잘 기를 수 있는 능력이 있는 것은 사실이지만, 특정 교과를 통해서만 길러지는 역량이 있다고 보기는 어렵습니다. 이런 점에서 과학 교육을 통해서 길러지는 역량은 단순히 과학 지식의 습득에서 머물지 않고, 사회 공동의 문제를 해결하려는 자율적 실천 의지와 실천 역량 또한 포괄합니다. 이런 점에서 과학적 역량은 그것을 습득한 사람의 생활 방식이나 삶의 태도에까지 영향을 미치게 됩니다.

과학적 태도란 무엇일까

과학적인 삶을 살기 위해 우리는 우선 과학을 올바르게 인식하고, 그를 바탕으로 자신의 삶과 사회 그리고 세계에 대해 과학적 태도를 지녀야 합니다.

우선 과학적 지식이 갖는 위상을 이해함으로써, 과학에 대한 불필요한 불신이나 맹신 등에 빠지지 않아야 합니다. 과학은 종교와 같이 궁극적인 실재나 가치에 대해 직접 답하지는 않지만, 세계관이라고 불릴 수 있는 설명 체계를 담고 있습니다. 시민으로서 공공의

* 우리나라의 2015 개정 과학과 교육과정에서는 과학과 핵심 역량으로 과학적 사고력, 과학적 탐구 능력, 과학적 문제해결력, 과학적 의사소통 능력, 과학적 참여와 평생 학습 능력 등을 선정하였습니다.

문제를 결정할 때도, 우리는 과학적 지식의 확실성 위에서 과학적 세계관을 공유해야 합니다.

과학적 태도란, 과학자가 자연과 같은 대상을 탐구할 때 지녀야 하는 태도를 일상생활에서 지식을 얻고 문제를 해결해나가는 과정으로까지 확장하여 적용하는 것입니다. 과학적 태도에 따르면 현상의 배후에 있는 원리에 대해 호기심을 갖고, 새로운 증거 앞에서 기존의 오류를 기꺼이 인정하며, 자신의 선입견이나 기존의 권위에 대해서도 객관적이고 비판적인 입장에서 판단해야 합니다. 또한 과학이 답하지 못하는 문제에 대해서는 신중함을 유지하면서, 성급히 판단을 내리지 않는 것도 중요합니다. 이 외에도 개인적 이해관계에 따라 사실을 왜곡하지 않는 정직성, 주관적이거나 독단적으로 일을 처리하기보다는 협업을 통해 해결하는 협동심 등도 과학적 태도에 포함됩니다.

이러한 특성들은 우리가 공동체의 구성원으로 살아가면서 공동의 문제를 함께 해결하려고 할 때에도 필요하지만, 개인적인 삶의 측면에서도 더 나은 삶을 살기 위해 매우 유용한 것들입니다. 바로 이런 점에서 과학적인 태도는 사회적으로 민주적 태도와 연결되며, 개인적인 차원에서는 합리적인 삶의 태도가 되기도 합니다.

제4장

물질의 과학

◇

**실재라고 부르는 모든 것은
실재적인 것으로,
보이지 않는 것들에 의해서
이루어져 있습니다.**

◇

물리학자 닐스 보어
Niels Henrik David Bohr
1885~1962

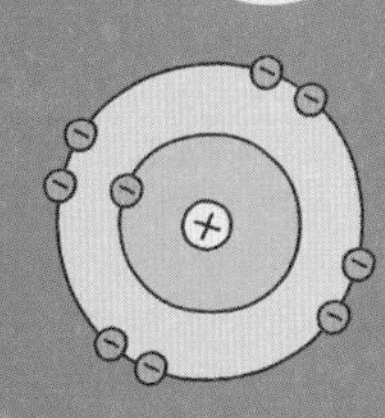

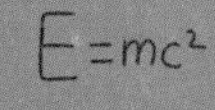

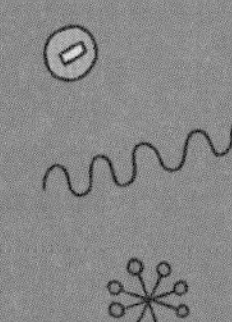

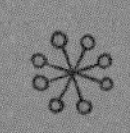

밤하늘에 반짝이는 별부터 우리 몸의 세포 속 DNA까지, 온 세상은 물질로 이루어져 있습니다. 자연을 탐구하는 활동인 과학은 결국 '물질'을 이해하려는 노력이라고 할 수도 있겠습니다.

우주에 존재하는 물질은 모두 같은 종류의 구성 요소로 이루어져 있고, 일관된 법칙의 지배를 받습니다. 그래서 물질이 무엇으로 이루어져 있는지, 물질을 이루는 기본입자의 성질은 어떠한지를 아는 것은 매우 중요합니다. 빅뱅 우주론은 기본입자인 원자가 어떻게 만들어졌는지, 또 우리가 사는 거대한 태양계와 지구는 어떻게 형성되었는지를 설명해줍니다. 이제 인류는 우주가 어떻게 만들어졌고, 앞으로 어떻게 될지를 어렴풋이 이해하고 있습니다.

한편, 원자 수준에서 보면 물질들은 가만히 있지 않습니다. 같은 물질이라도 그 상태는 주변 조건에 따라 변합니다. 물질들은 일정한 규칙에 따라 서로 영향을 주며 평형을 유지하고 있습니다. 물질들 간에 어떤 힘이 작용하는지, 그 힘은 어떤 특징과 규칙을 가지는지를 설명할 수 있는 법칙이 있다면, 그 법칙은 우주 전체에도 같이 적용될 것입니다.

그런데 인류는 지구라는 행성에 제한되어 있습니다. 물질계를 거시적으로 이해하려면, 지구가 어떤 변화를 겪어 지금에 이르렀는지 추측하고, 지구계 안에서 에너지와 물질의 순환이나 상호 작용이 어떻게 일어나는지 이해해야 합니다. 게다가 오늘날 인류는 원하는 물질이나 반응을 자유자재로 만들어내면서 지구에 엄청난 영향을 주고 있습니다. 앞으로 인류가 지구계를 어떻게 변화시켜나갈지 자못 궁금합니다.

이런 궁금증을 가지고, 이 장에서는 물질의 구조와 상태를 비롯하여 지구와 우주의 구성, 또 물질 사이의 힘과 변화의 규칙성 그리고 우리가 살고 있는 지구계를 살펴보겠습니다.

물질을 이루는 구조

물질의 근원은 무엇일까

오래전부터 인류는 물질을 구성하는 것이 무엇인지를 궁금해해왔습니다. 그 시작은 고대 그리스의 4원소설이라고 할 수 있는데, 이후 물질의 근원을 설명하려는 노력이 지속되어왔습니다. 우리 주변에 있는 물체들은 다양한 물질로 만들어지며, 물질은 상대적으로 적은 종류의 기본 물질인 원소들이 서로 다른 방법으로 결합한 것입니다.

지구와 생명체를 비롯한 우주의 구성 원소들은 빅뱅과 별의 진화 과정을 통해 만들어졌다고 추정하고 있습니다. 빅뱅 초반에 기본입자가 만들어졌고, 이 기본입자로부터 수소와 헬륨이 생성되었으며, 별의 진화를 통해 수소와 헬륨보다 무거운 원소가 생성되었다는 것입니다. 현재까지는 약 100여 개의 화학 원소가 존재하는 것으로 알려져 있습니다.

우리 몸을 이루고 있는 주요 원소는 수소를 비롯하여 탄소, 질소,

산소, 철 등이 있는데 이러한 원소들은 별의 내부에서 핵반응을 통해 생성됩니다. 한편 우라늄과 같은 원소는 초신성의 폭발에 의하여 생성됩니다. 따라서 우리가 살고 있는 지구와 우리 몸을 이루는 원소들은 우주의 탄생 초기에 별의 핵반응 혹은 초신성의 폭발에 의해 만들어진 것이라고 할 수 있습니다.

물질을 이루는 입자에는 무엇이 있을까

19세기의 원자론은 20세기에 더욱 정교해져 물질을 이해하는 기초가 되었습니다. 물질에 대한 현대 이론의 기본 전제는, 원자가 여러 종류의 기본입자들로 구성되고, 이 원자들이 서로 결합하여 물질을 만든다는 것입니다.

물질을 이루는 기본입자를 소립자라 하는데, 소립자의 종류에는 강입자hadron와 경입자lepton가 있습니다. 핵을 이루는 양성자와 중성자는 강입자이고, 전자와 중성미자는 경입자에 속합니다.

소립자 ┬ 강입자 – 양성자, 중성자
　　　 └ 경입자 – 전자, 중성미자

비교적 질량이 큰 강입자는 더 작은 쿼크quark들이 모여 만듭니다. 쿼크는 6가지 종류가 있으며 3개의 쌍으로 분류하고 있습니다. 쿼크는 특이하게 분수 전하fractional electric charge를 갖고 있으며, 색전하color charge*라는 또 다른 종류의 물리량도 갖고 있습니다. 경입자는 더 작은 구성 요소가 없습니다. 바로 이들이 모여 우주에 존재하

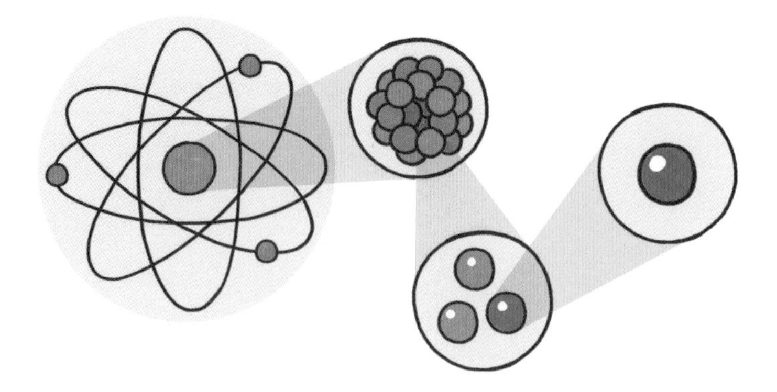

원자는 원자핵 주변에 전자가 존재하는 일종의 '구조'이다.

는 100여 가지의 원자를 이루는 것입니다.

각 원자는 양전하로 대전된 원자핵과, 음전하로 대전된 전자로 구성되어 있는데, 핵이 중심에 있고 전자는 원자핵 주변에 존재합니다. 이 원자를 잠실야구장 크기로 확대시킨다고 하면, 핵은 그 안의 모래알 크기밖에 되지 않습니다. 이렇듯 핵은 원자 부피의 매우 작은 부분에 해당하지만 원자 질량의 대부분을 차지합니다. 한편 전자는 원자 내에 발견되는 범위가 원자 부피라고 할 수 있지만 질량은 거의 무시할 수 있습니다. 한 중성 원자 안에 들어 있는 전자의 수는 핵 안에서 양전하로 대전된 입자인 양성자의 수와 같습니다. 이 양성자의 수에 따라 우주에 100여 가지의 원자가 존재하게 됩니다.

핵 안에는 양성자 외에 중성자가 있습니다. 중성자는 전기적으로 중성이고 질량은 양성자와 비슷합니다. 원자의 질량수는 바로 이 양

* 색전하는 양자색역학에 나오는 추상적 성질로, 우주의 네 가지 기본 힘 중 하나인 강한 상호작용을 일으키는 원천입니다.

성자수와 중성자수를 합한 것을 가리킵니다. 이로 인하여 같은 원소라고 하더라도 중성자수가 달라 질량수가 다른 원소들이 존재합니다. 이들을 동위원소라고 하는데, 동위원소들은 서로 그 화학적 성질이 같습니다.

원자와 분자는 어떻게 물질을 구성할까

각 원자는 중성이지만, 충분한 에너지를 받으면 원자의 가장 밖에 있는 전자가 분리되어 양이온을 형성하고, 에너지를 받아 전자를 얻으면 음이온을 형성합니다. 원자 안에 있는 최외각 전자*수와 상태에 따라 원자가 다른 원자와 결합하는 성질이 크게 달라집니다. 한 원자에서 다른 원자로 전자가 이동하거나 두 원자가 전자를 어느 정도 공유하면 결합이 만들어집니다. 이때 원자가 상대적으로 적은 수로 일정한 규칙에 따라 결합하면 분자가 되는 반면, 많은 수가 단순한 대칭성을 가지면서 공간을 차지하면 결정이 됩니다.

분자는 산소 분자처럼 같은 종류의 원자 두 개가 결합한 단순한 것부터, 수십 개의 원자가 결합한 것 그리고 단백질이나 DNA 분자처럼 수천수만 개의 원자가 결합한 것까지 다양합니다. 또한 분자의 크기도 매우 작은 것부터 큰 것까지 다양합니다. 대부분의 거대분자들은 원자나 분자 수준에서 단위체를 만들고, 그 단위체가 일정한 규칙으로 모여 형성됩니다.

결정을 이루는 고체의 경우, 원자의 가장 밖에 있는 전자들을 공

* 최외각 전자는 원자를 구성하는 전자 중 가장 바깥 쪽에 있는 궤도 전자를 말합니다.

유하는 결합을 하면 금속 결합이 형성되고, 그 공유된 전자들은 물체의 내부를 비교적 자유롭게 돌아다닐 수 있게 됩니다. 이렇게 만들어진 물질은 거의 도체입니다. 한편 한 원자가 다른 원자에게 거의 전자를 빼앗기다시피 결합되면 이온 결합이 형성되고, 이렇게 만들어진 물질은 거의 부도체입니다. 또한 두 원자가 각각 1개의 전자를 내놓아 만든 전자쌍을 동시에 공유하면 공유 결합이 형성됩니다. 이렇게 만들어진 물질은 거의 부도체나 반도체가 됩니다.

인류는 자연계에 존재하는 물질을 인공적으로 만들어 내는 한편, 존재하지 않는 새로운 물질, 또는 새로운 성질을 지닌 물질을 만들어내기도 합니다. 최근에는 나노 기술이 발전하면서, 나노미터(10^{-9}m) 크기의 소자element를 제작하거나, 인공적으로 설계된 분자를 합성하여 새로운 물질을 개발하고 있습니다. 대표적인 예가 탄소나노튜브Carbon Nano Tube와 그래핀graphene입니다. 탄소 원자가 벌집 모양으로 연결된 판 한 장이 그래핀이고, 이것이 관으로 말린 것이 나노튜브입니다. 이것은 무게에 비해 매우 단단할 뿐만 아니라, 도체나 반도체 또는 부도체로 가공할 수 있어 새로운 분야로 응용되고 있습니다.

물질의 파동성은 어떻게 발생할까

파동은 한 장소에서의 진동이 매질을 통해 공간으로 퍼져나가는 것을 말합니다. 파동에는 수면파·음파·지진파·전자기파 등이 있는데, 이들은 진동수나 파장 등을 사용해 수학적으로 기술할 수 있습니다. 파동은 새로운 매질을 만나면 굴절되어 방향이 바뀌거나, 매질의 경계면에서 반사되기도 합니다. 또 작은 구멍이나 장벽을 만나면 에

돌아가면서 퍼지기도 합니다.

예를 들어 관악기는 양쪽이 열린 관이나 한쪽이 닫힌 관을 이용하여 음파의 진동수를 조정하면서 소리를 만듭니다. 공기의 흐름이 강해지면서 배진동이 일어나면 진동수가 두 배가 되고, 음은 한 옥타브가 올라갑니다. 파원이나 관측자가 움직여도 진동수가 달라집니다. 즉 둘이 접근하면 측정되는 진동수가 커지고, 멀어지면 작아집니다. 이를 도플러 효과라고 하는데, 이를 통해 파원이나 관측자의 속도를 알 수 있습니다. 이 원리는 기상 관측, 자동차 속도 측정, 우주의 팽창 속도 측정에 이용됩니다.

전자기파는 빛으로, 매질 없이 전달되는 특별한 파동인데 전기장과 자기장의 진동이 빛의 속도로 퍼져나가면서 만들어집니다. 전자기파는 파장이 줄어듦에 따라 장파, 단파, 초단파, 적외선, 가시광선, 자외선, 엑스선, 감마선 등으로 불립니다. 파장이 줄어들면 전자기파가 운반하는 단위 에너지가 커지고, 에너지에 따라 물체와 상호작용하는 성질도 달라집니다. 예를 들어 식물의 잎은 광합성을 위해 빨간색과 파란색을 흡수하고, 초록색을 반사시키기 때문에 초록색으로 보입니다. 또 대기권 중의 이산화탄소는 태양에서 오는 가시광선은 모두 통과시키지만, 지표면에서 복사되는 적외선을 흡수합니다. 이산화탄소는 그것이 없었다면 우주로 방출되었을 에너지를 지구로 되돌리는 작용을 하기 때문에 온실 효과를 유발하는 것입니다. 한편 대기권에 있는 오존층은 에너지가 높은 자외선 영역의 빛을 흡수하여 지구의 생명체를 보호하는 역할을 합니다.

가시광선은 우리 눈이 주변을 감지하기 위해 사용하는 전자기파의 하나로, 그 파장의 범위는 약 0.4μm에서 약 0.8μm입니다. 이러한 전자기파를 활용하여 인간의 감각 능력을 확장하거나 기록하려는 목적으로 여러 가지 광학 기기들이 개발되었습니다. 예를 들어 망원경은 먼 곳의 물체를 가까이 보여주고, 현미경은 작은 물체를 확대해 보여줍니다. 카메라는 순식간에 사라지는 모습을 기록해줍니다. 이런 능력의 확장은 최근 더욱 광범위하게 일어나고 있습니다. 우주를 바라보는 망원경은 적외선과 자외선 등 다양한 파장대의 사진도 찍을 수 있고, 현미경은 빛 대신 전자나 기계적인 탐침을 사용하여 배율을 10,000배 정도 늘렸습니다.

원자의 크기인 1Å(10^{-10}m) 정도의 아주 작은 세계에서 입자를 본다면, 일상에서 보는 입자와는 그 성질이 다름을 알게 됩니다. 전자는 파동의 성질이 있기 때문에 동시에 여러 곳에 존재할 수도 있습니다. 이런 점 때문에 원자핵 주변에 전자가 구름처럼 퍼져 있다고 말합니다. 파동은 높은 에너지 장벽을 통과하는 특성이 있습니다. 이를 이용하면, 1Å의 구조까지 볼 수 있는 정밀한 현미경을 만들 수도 있습니다.

물질의 상태에 따른 특징

물질의 세 가지 기본 상태는 어떻게 결정될까

물질의 거시적인 물리적 성질은, 분자가 만든 물질의 밀도 그리고 분자 사이의 힘의 종류와 세기에 따라 정해집니다. 물질은 온도와 압력 등 외부 조건이 바뀌면 거시적인 물리적 성질이 변합니다. 즉, 물질은 특정한 조건에서 불연속적 변화를 보이며 상전이phase transition가 일어납니다. 대부분의 물질은 열역학적으로 안정된 상태로 변화하지만, 열역학적으로 불안정하게 변하더라도 반응 속도가 매우 늦은 경우 준안정 상태로 오랫동안 존재할 수도 있습니다. 이런 특징에 따라 물질의 상태는 기본적으로 고체, 액체, 기체로 구분됩니다.

고체 상태에서 물질의 입자들은 거의 고정된 채 진동 운동만 할 수 있는데, 이때 입자 사이의 인력이 강하여 입자 사이의 거리가 입자의 지름에 비해서 매우 짧고 조밀하게 배열되어 있습니다. 이러한 이유로 고체는 외부 온도나 압력 변화에 따라 부피나 모양이 거의 변하지 않는 성질이 있습니다.

고체의 물질은 입자가 배열된 규칙성 정도에 따라 결정성 고체와 비결정성 고체로 구분됩니다. 입자가 매우 규칙적으로 배열되어 구성된 고체를 결정성 고체라고 합니다. 결정성 고체는 입자 사이의 인력을 끊는 데 필요한 에너지가 일정하므로 녹는점이 일정합니다. 그리고 결정의 기본 구성단위와 종류에 따라 원자 결정, 분자 결정, 이온 결정, 금속 결정 등으로 구분됩니다.

원자 결정 – 흑연, 다이아몬드 등
분자 결정 – 드라이아이스, 아이오딘 등
이온 결정 – 소금, 염화세슘 등
금속 결정 – 은, 구리 등

한편, 비결정성 고체는 구성 입자가 불규칙적으로 배열되어 있는 고체입니다. 비결정성 고체는 녹는점이 일정하지 않아 상전이 온도를 정확히 정의하기가 어려운데, 그 대표적인 예로는 유리 · 아교 · 엿 · 플라스틱 · 고무 등이 있습니다.

고체 상태에 열을 가하면 입자의 운동이 활발해져 입자 사이를 비켜 지나갈 수 있고, 느슨하지만 아직은 서로 구속되어 있는 액체 상태가 됩니다. 액체 상태는 고체 상태와는 달리 입자들이 부분적으로 질서 있는 운동을 하므로, 모양은 일정하지 않으나 부피는 일정한 성질이 있습니다.

기체 상태는 입자의 운동이 매우 활발하고, 무질서하며, 밀도가 작습니다. 기체 분자의 속도 분포는 온도와 기체 분자의 질량에 따른 함수로 주어집니다. 기체에서 분자 사이의 거리는 액체나 고체에 비하여 상당히 크기 때문에, 입자가 직접 충돌하는 경우를 제외하고는 입자 사이의 상호 작용을 무시할 수 있습니다. 기체 상태는 모양과 부피가 일정하지 않은 성질이 있습니다.

물질은 어떻게 플라스마 상태가 될까

기체 상태에 더 큰 에너지를 가하면 음전하를 가진 전자와 양전하를 띤 이온으로 분리된 기체 상태가 되는데, 이것을 플라스마plasma 상태라고 합니다. 플라스마는 전하 분리도가 상당히 높으면서도, 음전하와 양전하의 총전하수가 같아 전체적으로는 전기적인 중성을 띱니다. 하지만 자유 전하가 있어서 높은 전기 전도율과 전자기장에 대한 반응성을 가집니다.

이러한 성질을 이용하기 위하여 오래전부터 플라스마를 인공적으로 생성 및 실용화하려는 노력이 지속되고 있습니다. 인공적인 플라스마 상태로는 형광등, 수은등, 네온사인, PDP 등이 있습니다. 하지만 우주 전체를 놓고 보면 플라스마가 가장 흔한 상태라고 할 수 있습니다. 번개나 북극 지방의 오로라, 대기 속의 이온층뿐만 아니라, 별의 내부나 별을 둘러싸고 있는 주변 기체, 별 사이의 공간을 채우고 있는 기체가 대부분 플라스마 상태입니다.

지구 극지방에서 발생하는 아름다운 오로라는 자연계의 플라스마다.

액정은 물질의 어떤 상태일까

액정은 액체와 고체의 특징을 모두 가지고 있는 물질입니다. 액정은 어떤 방향에서는 분자 배열이 액체 상태와 같이 불규칙하지만 다른 방향에서는 규칙성을 나타냅니다. 또 일부 유기 물질은 고체 상태에서 액체 상태로 변할 때, 액정과 같은 중간 상태의 단계를 거치기도 합니다. 액정은 온도나 전압의 변화에 따라 색, 투명도, 분자 배열 등이 달라지는 성질이 있어 최근 다양한 영역에서 폭넓게 응용되고 있습니다.

지구와 우주는 어떻게 구성되었을까?

인류는 우주를 어떻게 이해하기 시작했을까

인류는 지구에 살면서 태양·달·행성·별과 같은 천체를 관측하여 그 운행을 기원전 수천 년 전부터 알았고, 이를 자신들의 문자로 기록하였습니다. 또한 이러한 천체들의 운행과 함께, 지구를 포함하는 우주의 시작과, 시간에 따른 우주의 변화에 관해 그들 나름의 모델을 만들어 설명하였습니다. 이러한 모델은 신화적이고 서사적이었습니다.

인류는 밤하늘의 반짝이는 별과 행성을 관측하여 별들이 일정한 규칙을 유지하며 회전한다는 사실을 알게 되었습니다. 그리고 별들이 만드는 일정한 패턴에는 이야기 속 인물이나 동물들의 이름을 붙여 별자리를 정하였습니다. 또 이러한 별자리 사이를 행성들이 빠르게 이동한다는 점을 관측하였습니다. 한편 달의 위상이 변함을 알고는, 달이 지구를 공전하고 있다는 사실도 깨달았습니다. 또 일식과 월식의 관측, 태양의 고도 측정 등을 통해 태양 직경과 달의 크기를 비롯하여 지구에서 태양과 달까지의 거리를 개략적으로 알게 되었습니다.

문명의 발달 이후, 인류는 지구가 세계의 중심이라고 보면서 천체가 지구를 중심으로 회전한다는 천동설을 믿었습니다. 지구에서 보는 천체는 하늘에 고정된 채 회전하는 것처럼 관찰되었기 때문입니다. 그런데 고정된 천체 사이를 누비고 다니는 태양계의 행성들의 움직임은 설명하기 어려웠습니다. 근대 이후에는 별자리 사이를 움직이는 행성들의 움직임을 정확하게 설명하기 위해, 태양을 중심으로 하는 지동설이 천동설을 대체하였습니다.

우주는 얼마나 빨리 팽창하고 있을까

관측 기술의 발전으로 안드로메다은하가 우리은하 밖의 외부 은하이고, 이러한 외부 은하들이 모여 은하군 혹은 더 큰 규모의 은하단을 형성하고 있음을 알게 되었습니다. 1929년 허블은 외부 은하들의 거리를 세페이드 변광성*을 이용하여 측정하고, 시선 방향의 운동 속도를 분광 관측과 도플러 효과를 이용하여 측정함으로써, 외부 은하의 시선 방향 운동 속도(V)가 거리(D)에 비례한다는 허블의 법칙을 발견하였습니다.

* 세페이드 변광성은 밝기가 변하는 별인 맥동변광성의 하나로, 주기-광도 관계를 통해 이들 별이 속한 천체의 거리를 구하는 데 유용합니다.

허블의 법칙: V=HD(비례상수 H는 허블 상수)

이는 현재 우리가 살고 있는 우주가 팽창하고 있으며, 과거로 시간을 되돌리면 우주는 하나의 특이점*으로부터 시작하였다는 것을 상상하게 하는데, 이를 빅뱅 우주론이라 합니다.

지구에서 생명현상은 언제부터 일어났을까

대략 45억 년 전, 우리은하의 나선팔 근처에 위치해 있던 태양계 성운에서 태양계가 형성되면서 지구도 함께 만들어졌습니다. 지구 형

* 특이점은 블랙홀의 중심으로, 시공간이 사라지는 지점입니다.

성 초창기에 지구의 위성인 달 역시 만들어졌는데, 이와 관련하여 지구 부근에 위치한 두 원시 행성 간 대규모 충돌이 일어나 지구-달계가 형성되었다는 설도 있습니다.

태양계 내에서 지구의 위치는 물이 액체로 존재할 수 있는 생명 가능지대에 속합니다. 지구의 자전축이 공전 궤도면에 기울어져 있어 계절의 변화가 있고, 태양과 달에 의한 기조력tidal force 때문에 해수면의 변화가 일어납니다. 지구에서의 생명이 어떻게 시작되었는지는 확실하지 않지만, 지구에 생명이 존재하기 시작한 이래로 화학 반응과 생물학적인 진화를 거쳐 현재에 이른 것은 분명합니다.

원시 지구는 진화 과정을 통하여 지地권, 수水권, 기氣권 등을 형성하였습니다. 그 과정에서 상호 작용이 일어나면서 지구 생명체가 탄생하고 살아갈 수 있는 환경적 조건을 갖추었습니다. 즉 탄산가스로 이루어진 대기는 물의 강수 현상으로 인하여 제거되고, 화산활동과 광합성 작용으로 인하여 지구 대기는 주로 질소와 산소로 구성되었습니다. 또 대양에서의 생물은 조석에 의한 해수면의 변화 때문에 육상으로 진출하게 되었다고 할 수 있습니다. 결국 육상으로 진출한 생물로부터 우리와 같은 현생 인류가 탄생하게 된 것입니다.

지구계는 무엇으로 구성되어 있을까

보통 지구라고 하면, 우리가 딛고 있는 땅덩어리로 이루어진 고체의 지구를 떠올리기 마련입니다. 그러나 지구를 이루는 것은 고체 지구뿐만 아니라 고체 지구를 감싸는 해양과 대기 그리고 그 속에서 살고 있는 생물들 전체를 포함합니다. 따라서 지구를 크게 지권·수권·기권·생물권의 4가지 권역으로 구분하고, 이 권역들이 상호 작용하여 지구의 모든 자연 현상을 일으킨다는 관점에서 지구계Earth system라는 용어를 쓰고 있습니다.

지권은 고체 지구로 지구의 대부분을 차지합니다. 지권의 겉부분은 우리가 딛고 있는 땅으로 암석으로 이루어지며, 지하 깊은 곳은 밀도가 높은 물질로 채워져 있습니다. 수권은 물이 차지하는 공간으로 바다, 호수, 강 그리고 지하수와 빙하를 포함합니다. 기권은 고체 지구와 바다를 감싸는 부분으로 여러 가지 기체(질소, 산소, 아르곤, 이산화탄소 등)로 이루어지며, 생물권은 생물들이 차지하고 있는 영역을 말합니다.

지구는 엄청나게 큰 물체입니다. 지구는 둥글지만 사실 완벽한 구형은 아니며, 적도 부근이 약간 볼록한 타원체입니다. 지구 내부는 층상 구조를 이루고 있으며, 겉에서부터 지각·맨틀·외핵·내핵으로 구분됩니다. 고체 지구를 이루는 것은 단단한 암석입니다. 암석은 광물로 이루어지고, 또 광물은 더 작은 알갱이인 원소로 이루어집니다. 현재 자연에서 산출되는 원소는 94종이지만, 지구를 이루는 원소의 99%는 산소와 규소를 비롯한 8개의 원소가 차지합니다. 암석은 크게 화성암, 퇴적암, 변성암으로 나누어집니다. 화성암은 지하에 녹아있던 물질인 마그마가 굳어져 만들어지며, 퇴적암은 지각 물질이 풍화·침식·운반·퇴적 과정을 거쳐 깊이 매몰된 후 굳어져 만들어집니다. 변성암은 화성암이나 퇴적암이 지하 깊은 곳에서 높은 온도와 압력의 영향을 받아 만들어지는데, 온도와 압력이 매우 높으면 이들이 녹아 다시 마그마가 됩니다. 이러한 과정을 통해서 암석은 끊임없이 순환합니다.

지구의 물은 대부분 해양(수권의 97.25%)에 속해 있습니다. 그다음으로 물을 많이 간직하고 있는 곳은 빙하(2.05%)와, 지하수(0.68%)입니다. 반면, 우리의 일상생활에 밀접하게 연결되어 있는 강이나 호수가 차지하는 비중은 모두 합해도 0.01%에도 미치지 못합니다. 그런데 물은 제자리에 있는 것이 아니라 끊임없이 움직입니다. 마치 사람의 몸속에 흐르는 피가 생명을 유지하게 하듯이, 물은 수권·기권·지권·생물권을 순환하면서 지구의 생명을 유지하게 합니다. 이 과정에서 물은 지표면을 깎고 다듬어 지구의 모습을 끊임없이 바꾸어놓습니다.

지구가 다른 행성과 구별되게 지니는 중요한 특성으로, 액체 상태의 물과 생물의 존재를 들 수 있습니다. 그러나 더 깊이 생각해보면, 생물과 물은 아마도 대기가 없었다면 존재할 수 없었을 것입니다. 지구가 생명이 넘치는 행성이 된 것은 태양 복사 에너지 덕분입니다. 태양 복사 에너지는 대기 속에 들어 있는 기체에 흡수되거나 지표에 도달하여 지구를 데우고, 식물이 광합성 활동을 하게 함으로써 생명이 유지되도록 합니다. 또 성층권에 오존층을 형성하여 우주로부터 들어오는 해로운 광선을 막음으로써 생물이 안정적으로 살아갈 수 있도록 해줍니다. 따라서 기권은 지구를 외계의 해로운 물질로부터 막아주는 보호막이라고 말할 수 있습니다.

우리 지구는 물이 있기 때문에 다른 행성과 다르다고 합니다. 또 산소가 있기 때문에 지구는 독특하다고도 말합니다. 하지만 지구의 가장 특별한 점은 무엇보다도 다양한 생물의 존재입니다. 생물의 분포는 기후나 고도, 수심에 따라 달라집니다. 지구의 생물이 생명을 이어가는 것은 에너지를 이용하여 물질대사를 하고 자손을 번식하기 때문인데, 이 에너지는 주로 태양에서 얻어집니다. 즉 식물은 광합성을 통해 에너지를 만들고, 동물은 식물을 섭취하거나 다른 동물을 먹어 에너지를 얻으며, 균류는 죽은 생물을 분해하여 에너지를 얻습니다. 이처럼 생물은 먹고 먹히는 먹이사슬을 통하여 복잡한 생물권을 형성하였습니다.

물질 사이에 작동하는 네 가지 힘

중력이란 무엇일까

우주의 모든 물체는 중력이 작용하여 다른 물체를 잡아당깁니다. 중력은 두 물체의 질량의 곱에 비례하고, 거리의 제곱에 반비례합니다. 종종 우리는 하나의 질량이 주변의 공간에 중력장을 형성하고, 다른 질량이 중력장에 놓이면 중력을 받는다고 해석하기도 합니다. 일반적으로 작은 물체 사이의 중력은 매우 약해서 감지하기 어렵지만, 천체와 같이 큰 물체 주변에서는 충분히 강해집니다.

지구의 중력은 지상의 모든 물체를 아래로 잡아당기고, 공기 분자도 잡아당겨 대기권을 형성합니다. 태양의 중력은 행성들을 잡아당겨 태양 주위를 돌게 합니다. 더 큰 규모에서 보면 중력은 우주의 먼지를 모아 은하를 형성하고 은하가 모여 있는 은하단을 구성하게도 합니다.

전자기력이란 무엇일까

전기력은 전하와 전하 사이에 작용하는 힘입니다. 같은 부호의 전하는 서로 밀고, 다른 전하끼리는 잡아당깁니다. 종종 우리는 하나의 전하가 주변의 공간에 전기장을 형성하고, 다른 전하가 전기장에 놓이면 전기력을 받는다고 해석하기도 합니다. 전기력은 원자핵 근처에 전자를 붙들어 놓고, 화학 반응에 관여하기도 합니다. 옷이 몸에 달라붙게 하기도 하고, 번개를 만들기도 합니다. 일상생활에 사용하는 전기도 전하의 흐름인 전류를 만드는 전기력에 의존합니다.

자기력은 자석과 자석, 전류와 전류, 자석과 전류 사이에 작용하는 힘입니다. 같은 부호의 자극은 서로 밀고, 다른 자극끼리는 잡아당깁니다. 종종 우리는 자석이나 전류가 공간에 자기장을 형성하고, 다른 자석이나 전류가 자기장에 놓이면 자기력을 받는다고 해석하기도 합니다. 자기력은 냉장고에 메모를 붙이거나, 냉장고 문을 문틀에 붙게 하는 데에 사용합니다. 자석을 센서와 함께 사용하면 스위치로 사용할 수도 있습니다. 나침반에 사용되는 자석은 지구 자기장의 방향을 알려주고, 전동기에 사용되는 자석은 회전 운동을 만들고, 스피커에 사용되는 자석은 진동을 만들기도 합니다.

전기력과 자기력은 비슷하게 행동할 뿐만 아니라, 비슷한 방식으로 서로에게 영향을 줍니다. 예를 들어 변하는 자기장은 전기장을 만들고, 변하는 전기장은 주변에 자기장을 만듭니다. 따라서 전류로 운동을 만드는 전동기를 거꾸로 작동하게 하면, 운동으로 전류를 만드는 발전기로 사용할 수 있습니다. 이러한 상호 영향을 고려하여 전기력과 자기력을 전자기력이라 부릅니다.

전자기력은 우리가 일상생활에서 접하는 많은 접촉력을 설명합니다. 대부분의 물체는 전기적으로 중성이지만, 미시적인 세계에서 보면 각 물체의 표면에는 전자들이 분포합니다. 두 물체가 서로 가까워지면 양쪽의 전자가 서로 밀어내어 두 물체는 서로 밀게 됩니다. 즉 일상생활에서 물체를 밀거나 당길 때 나타나는 접촉력은 접촉면의 맨 바깥에 위치한 전자끼리 밀어내는 힘이므로, 전자기력의 일종입니다. 접촉력에는 물체가 맞닿아 서로 밀고 당기는 힘, 줄에 의해 전달되는 장력, 두 접촉면이 미끄러지려 할 때 작용하는 마찰력 등이 있습니다.

강력과 약력이란 무엇일까

강력strong force과 약력weak force은 원자보다 훨씬 작은 원자핵 크기(10^{-15}m)의 거리 안에서만 작용하므로, 일상생활에서는 겪을 수 없습니다. 강력은 핵의 구성 입자인 양성자와 중성자 사이에 작용하며, 서로 잡아당깁니다. 이 때문에 핵은 아주 짧은 거리의 양성자와 양성자 사이에 작용하는 강한 반발력을 이기고, 안정적으로 존재할 수 있게 됩니다. 양성자수가 많아지면, 전기력에 의한 반발력을 이기기 위해 더 많은 중성자가 필요하게 됩니다.

약력은 강력보다는 훨씬 약하고, 핵변환이 일어날 때 작용합니다. 예를 들어 중성자가 양성자로 붕괴되거나, 양성자가 전자와 만나 중성자가 되는 과정에 관여하는데, 원자핵 안에서 이런 변화가 일어나면 양성자수가 바뀌면서 원자의 종류가 바뀝니다.

양성자수가 변화하는 핵변환을 할 수 있는 물질은 방사능을 지녔

다고 이야기합니다. 퀴리 부부는 자연물에서 방사능을 지닌 두 개의 원소를 찾았고, 그 업적으로 노벨상을 수상하였습니다. 제2차 세계 대전 직전에 과학자들은 방사성 우라늄의 핵이 비슷한 크기의 작은 핵으로 분리되는 것을 발견하였습니다. 이러한 핵분열 과정은 에너지를 방출할 뿐만 아니라, 충분한 양의 방사성 우라늄이 주변에 있으면 연쇄적으로 다른 핵분열을 유도합니다. 이 연쇄반응이 급격하게 일어나는 것이 핵폭탄이고, 서서히 일어나도록 조절한 것이 핵반응로입니다. 핵분열이 만드는 산물도 대부분 방사능을 띠고 있어, 이를 처리하는 데에 어려움이 따릅니다.

철보다 큰 핵은 분열하면서 에너지를 내어놓지만, 철보다 작은 핵은 서로 뭉쳐지면서 에너지를 내어놓습니다. 이 핵융합 과정은 항성들이 끊임없이 에너지를 방출하도록 해줍니다. 태양에서는 양성자 4개가 융합되면서, 헬륨 원자핵과 에너지 그리고 몇 가지 부산물을 내어놓습니다. 핵분열과 달리 핵융합의 부산물은 위험하지 않습니다. 핵융합이 내어 놓는 에너지를 이용하기 위해 연구가 진행되고 있지만, 아직 실용적인 단계에 이르지는 못하였습니다.

힘과 운동은 어떤 관계일까

일찍이 뉴턴I. Newton은 고전역학이라 불리는 이론을 제안하여 눈에 보이는 정도의 물체의 운동을 기술합니다. 물체 사이의 상호 작용인 힘은 그 힘을 받는 물체의 운동 상태를 변화시킵니다. 어떤 물체에 작용하는 힘을 모두 합한 힘을 알짜힘이라고 합니다. 뉴턴의 제1법칙에 따르면, 알짜힘이 없으면 물체는 현재의 운동 상태를 지속합니다.

정지해 있던 물체는 정지 상태를 유지하고, 움직이던 물체는 같은 속력으로 계속 움직입니다. 알짜힘이 있으면, 물체의 운동 상태가 바뀝니다. 뉴턴의 제2법칙에 의하면, 시간에 대한 속도의 변화인 가속도는 작용하는 힘의 크기에 비례하고, 힘을 받는 물체의 질량에 반비례합니다.

이러한 힘들은 몇 가지 특징이 있습니다. 첫째, 힘을 작용하는 주체와 힘을 받는 객체가 있습니다. 둘째, 힘은 크기와 방향을 가집니다. 셋째, 힘을 받는 객체는 거꾸로 힘을 작용한 주체에게 같은 크기의 힘을 반대 방향으로 작용하는데, 이를 반작용이라 합니다. 이것이 바로 뉴턴의 제3법칙입니다.

물체의 운동은 기본적으로 물체의 위치와 속도로 기술할 수 있습니다. 속도는 위치가 시간에 따라 얼마나 빠르게 변하느냐를 알려주고, 가속도는 속도가 시간에 따라 얼마나 빠르게 변하느냐를 알려주는 양입니다. 우주 공간은 광대하고 천체는 모두 움직이고 있기 때문에, 정지해 있는 기준점은 정의할 수 없고, 모든 물체의 운동은 상대적으로만 기술할 수 있습니다. 정지해 있는 자동차의 경우 지표면에 대한 속도는 0이지만, 지구 자전 때문에 초당 460m의 거리를 움직입니다. 속도가 커지거나, 작아지거나, 방향이 바뀌면, 운동의 상태가 변하였다고 봅니다. 운동의 변화는 그 물체에 작용하는 알짜힘에 의한 것이고, 물체에 작용하는 힘을 이해하면 물체의 운동을 예측할 수 있습니다.

20세기 초 원자를 이루는 전자와 같은 입자의 운동은 고전역학으로 기술할 수 없음이 밝혀졌습니다. 이에 전자의 입자성과 파동성을 동시에 만족시키면서 운동을 기술하는 역학 체계인 양자역학이 고안되었습니다. 양자역학은 모든 물체의 변화를 기술하는 체제로서, 고전역학은 양자역학 체제의 일부입니다. 뉴턴의 고전역학에서 3차원 공간과 시간이 상호 독립적이면서 절대 기준이라는 기본 가정은, 상대성 이론에 이르러 시공간 차원으로 통합되며 빛의 속도가 절대 기준이 되었고, 중력도 공간의 변형으로 이해되었습니다.

통일장 이론이란 무엇일까

이 세상의 모든 변화는 물질 사이의 상호 작용에 의해 이루어지며, 물리학이 인정하는 상호 작용은 앞서 언급한 중력 · 전자기력 · 강력 · 약력의 4가지뿐입니다. 중력과 전자기력은 일반 사람들에게는 익숙하나, 강력과 약력은 다소 생소할 수 있습니다. 중력은 천체의 구성을 지배하고, 전자기력은 우리의 일상생활 곳곳에 나타납니다. 강력과 약력은 원자가 존재하게 하고, 핵의 변환을 지배합니다.

아인슈타인은 이러한 4가지 힘을 하나의 통일된 방식으로 설명하고자 하였습니다. '통일장 이론'이라 불리는 이 이론은 아직 완성되지 않았습니다. 전자기력과 약력이 먼저 통일되었고, 강력도 어느 정도 포함되었으나, 중력의 통합까지는 좀 더 기다려야 할 것입니다.

한편 아인슈타인에 앞서 뉴턴 역시 물리적 운동에 대해 통일된 설명 방식을 도입했습니다. 뉴턴 이전에는 지상과 천상의 물체가 서로 다른 운동 원리에 따라 움직인다고 믿었습니다. 천상의 물체는 힘이 작동하지 않아도 영원히 등속 원운동을 한다고 믿었던 반면, 지상의 물체는 외부의 힘이 작용하지 않으면 물체의 운동이 결국에는 멈춘다고 생각하였습니다. 뉴턴은 만유인력의 개념을 통해 지상계와 천상계의 물체 사이에 동일한 형태의 물리적 법칙이 작동한다는 것을 밝혀냈습니다.

뉴턴은 눈에 보이지 않는 마찰력을 도입하면서, 힘의 개념을 현대적으로 바꾸었습니다. 밖으로부터 일체의 외력이 작용하지 않더라도, 물체에는 운동 방향의 반대 방향으로 마찰력이 작용하고, 물체의 운동이 멈춘다고 해석한 것입니다. 결국 중력과 뉴턴의 세 가지 운동 법칙은 지상의 운동과 천상의 운동을 한 가지 이론으로 해석한 통일장 이론의 효시인 셈입니다.

물질 변화에서 나타나는 규칙성

원소의 주기성이란 무엇일까

다양한 원소들이 발견되고, 이들의 성질을 정량적으로 측정하게 되면서 원소들을 분류하는 작업이 이루어졌습니다. 지구상에 존재하는 100여 개의 원소들은 다양한 기준으로 분류될 수 있습니다. 예를 들어 원자의 상대적인 질량, 금속과 비금속 등 물리적 또는 화학적 성질, 화학 반응성 여부 등을 사용하여 분류할 수 있습니다. 1869년 멘델레예프D. Mendeleev는 원자량에 따라 원소들을 배열할 때, 원소의 일반적인 특징이 반복되는 규칙성을 발견하였습니다. 그는 이를 주기율표로 정리하였는데, 주기율표는 오늘날까지도 원소의 성질과 반응성을 이해하고 설명하는 데 큰 도움이 됩니다. **원자 구조가 밝혀진 현대에는 원자량 대신 원자 번호, 즉 원자핵의 양성자수를 기준으로 주기율표를 작성합니다.**

멘델레예프는 당시에는 알려지지 않았던 원소의 성질까지 예언했다.

여러 원소들의 성질이 주기적 규칙성을 보이고, 특정한 원소들끼리는 비슷한 성질을 보이는 이유는 전자의 배치와 연관이 있습니다. 각 원소의 가장 바깥쪽 전자껍질에 들어 있는 전자, 즉 '원자가전자valence electron'라고 불리는 전자의 개수가 원소의 반응성에 영향을 줍니다. 전자껍질이 늘어나도 같은 원자가전자를 가진 원소들끼리는 비슷한 성질을 보입니다. 예를 들면 리튬과 소듐은 원자가전자가 한 개씩인 원소들로, 같은 알칼리 금속족 원소라고 불립니다. 이 두 원소는 모두 쉽게 +1가 이온이 되고, Cl^- 이온과는 1:1로 결합하여 이온성 화합물을 형성합니다.

물질의 화학적 변화와 물리적 변화는 어떻게 다를까

물질의 화학적 조성이나 성질이 변하면 화학적 변화가 일어난 것입니다. 두 개 이상의 물질이 상호 작용하여 새로운 물질이 만들어지면 구성 원자들이 재배치되는 화학 반응이 일어난 것이라고 할 수 있습니다. 원자들 사이에 새로운 화학 결합이 형성되고, 새로운 원자 배치가 탄생하는 것입니다. 같은 원자들로 이루어져 있어도 원자들의 배치가 다르면 완전히 다른 성질을 보입니다. 물질의 화학적 변화를 일으키지 않고 측정할 수 있는 성질을 물리적 성질이라고 하고, 물리적 성질이 변하는 것을 물리적 변화라고 합니다. 물질을 이루고 있는 원자나 분자의 종류와 배열을 알면 그 물질의 거시적 성질을 예측할 수 있습니다.

물질을 이루는 분자의 미시적 구조와 운동은 구성 입자의 수가 늘어나면 통계적으로 거시적 성질을 설명할 수 있습니다. 화학적 변화를 미시적으로 설명하려면, 화합물 분자가 서로 충돌해서 새로운 화합물이 만들어져야 합니다. 이때 반응물 분자의 전자는 새로운 환경의 영향을 받아 기존의 결합을 끊고, 새로운 결합을 형성하는 데 참여하게 됩니다. 화합물이 가지고 있는 내부 에너지도 적절하게 재배치되어 반응에 도움을 주기도 합니다. 충돌한 반응 분자들이 활성화 에너지 이상을 가지게 되면 화학 결합이 끊어지고 새로운 결합이 형성됩니다. 충돌 횟수와 반응물 분자 사이의 충돌 에너지는 거시적으로 관찰되는 반응 물질의 농도와 분자들의 온도와 연관되어 반응 속도를 결정합니다.

전자를 양자역학적으로 기술하면 물질의 양자역학적 상태가 가지는 대칭성도 화학 반응의 여부를 결정하는 또 다른 요소가 됩니다. 물질이 전자기파를 흡수하거나 방출하는 경우 분자나 원자의 양자역학적 상태와 대칭성을 함께 고려해야 합니다.

물질 변화에서 변하지 않는 특성은 무엇일까

화학 반응에서 일어나는 질량 변화를 측정하면 반응 전후의 물질의 총질량은 일정하다는 것을 알 수 있습니다. 이는 일상적인 화학 반응의 조건하에서 물질이 생겨나거나 없어지지 않는다는 것을 뜻합니다. 그러나 극한 조건에서 핵반응이 일어날 경우 물질과 에너지가 변환될 수 있습니다.

질량을 정확하게 측정하기 어렵던 시기에는 화합물의 구성 성분이 다양한 비율로 이루어지는 것이 가능하다고 생각하였습니다. 예를 들어 어떤 물은 다른 물보다 산소가 조금 더 많을 수도, 혹은 적을 수도 있다고 생각한 것입니다. 그러나 이후에 **원소들이 일정한 질량 비율, 그것도 정수비로 결합해서 화합물을 구성한다는 것이 밝혀졌습니다.** 이는 화합물이 반드시 불연속적인 입자 형태를 지닌 원자들의 결합으로 형성되어야 하며, 원자들이 저마다 고유한 질량을 가지며, 더 이상 쪼개지지 않는 원자들의 재배치를 통해 이루어진다는 것을 의미합니다. 이 결과를 바탕으로 원자들의 상대적인 무게를 이용하여 원자를 구별하는 것이 가능해졌으며, 이는 원자론의 중요한 증거가 되었습니다.

기체의 성질과 반응에 대한 여러 실험 결과를 설명하기 위해서는 원자와 분자의 존재뿐만 아니라, 온도와 압력이 같을 때 같은 부피의 기체는 같은 수의 기체 분자를 포함한다는 가설이 필요합니다. 일정 부피 속 분자의 수를 설명하는 기준으로 아보가드로 수를 사용하는데, 이는 12g의 탄소 원자에 들어 있는 원자수로 정의됩니다. 아보가드로 수는 6.022×10^{23}으로, 엄청나게 큰 수인데, 새로운 단위를 사용하여 1몰(mol)로 정의합니다. 기체 반응에서 반응물과 생성물 기체의 부피를 측정해보면, 부피도 정수비를 이룹니다. 예를 들어 수소 2L와 산소 1L가 반응하여 수증기 2L가 만들어지는 것입니다. 화합물과 화학 반응에서 질량과 부피를 정확하게 측정하게 되면서, 상대적 원자량과 분자식 등이 확립되었고, 물질의 변화를 정량적으로 연구할 수 있게 되었습니다.

열과 온도, 일과 에너지에 관한 연구는 우리가 인지할 수 있을 정도의 양의 물체 상태와, 상태의 변환에 대한 것입니다. 그러나 이는 정교한 과학적 정의를 사용하지 않고, 일상생활에서 매일 경험하는 개념이기도 합니다. 에너지는 위치 에너지, 운동 에너지, 화학 에너지, 전기 에너지, 열에너지, 빛에너지 등과 같이 여러 가지 형태로 나타납니다. 그리고 에너지는 여러 가지 형태의 에너지로 바뀔 수 있는데, 어떤 형태의 에너지가 감소하면 다른 형태의 에너지가 같은 양만큼 증가합니다. 계system의 에너지는 계에 일을 해주거나 계를 가열함으로써 변화시킬 수 있습니다. 계가 물질 출입이나 열 출입이 불가능하게 고립되어 있으면, 계의 내부 에너지는 일정합니다.

자연은 에너지가 낮은 상태를 선호하지만 자발적인 변화의 방향은 단순히 에너지의 측면만으로는 제대로 설명하고 예측할 수 없습니다. 자발적 변화의 방향을 정해주는 것은 물질과 에너지가 분산되는 쪽으로 관찰됩니다. 이를 설명하기 위해서 분산 혹은 무질서의 정도를 엔트로피entropy*라는 물리량으로 정의하고, 계와 주변의 엔트로피 총합이 증가하는 방향으로 자발적 변화를 예측합니다. 고립되어 있는 계의 엔트로피는 계속 증가하며, 계의 온도가 절대 온도 0도에 가까워지면 엔트로피 값의 기준점(최솟값)에 가까워집니다.

* 엔트로피는 열역학상으로 존재하는 추상적인 에너지의 양을 나타내는 척도입니다.

지구계에서 일어나는 상호 작용

지구계의 순환은 어떻게 일어날까

지구는 형성 당시에 가지고 있었던 열과, 방사성 원소들이 붕괴하면서 내는 열 때문에 마그마를 형성할 뿐만 아니라 내부가 대류에 의하여 움직입니다. 이러한 움직임은 지각판을 이동하게 하여 판이 부딪히는 곳에서는 화산 폭발이나 대규모 지진이 발생하고, 대양에서는 새로운 지각을 생성하기도 합니다. 또 지구는 자전축이 기울어진 채로 자전하기에 지구의 대기도 대규모로 순환합니다. 그뿐만 아니라 대기의 순환에 의한 바람이나, 해양의 온도차, 지구 자전 등에 의하여 해양도 대규모로 순환을 합니다.

지구계를 이루는 4권역, 즉 지권·수권·기권·생물권의 크기를 비교해보면 고체 지구가 질량의 99.9%, 부피의 80%로 거의 대부분을 차지합니다. 하지만 지표에서 관찰되는 대부분의 자연 현상은 이들

4권역의 상호 작용에 의하여 일어납니다. 4권역은 물질과 에너지를 서로 주고받으며 지구의 모습을 끊임없이 바꾸어 갑니다. 예를 들어 물의 이동을 추적해보겠습니다. 수권의 대부분을 차지하는 바닷물이 증발하여 수증기가 되면 이는 기권의 한 요소가 되고, 구름을 이루고 있던 수증기는 비나 눈이 되어 다시 수권으로 돌아갑니다. 물은 식물체에 흡수되어 생물권의 영역으로 들어가기도 하고, 광물이나 암석에 포획되어 지권의 구성원이 되기도 합니다. 이처럼 물은 수권, 기권, 생물권, 지권 사이를 끊임없이 오가면서 지구를 하나의 계로 연결하고 있습니다. 만일 이러한 흐름이 끊어진다면 어떻게 될까요? 지구는 비도 내리지 않고, 강도 흐르지 않으며, 호수도 없는, 또한 생물도 살 수 없는 황량한 행성이 될 것입니다.

지구를 이해하는 일은 지구의 탄생 이후 이들 4권역 사이의 순환이 어떻게 일어났느냐를 이해하는 일이기도 합니다. 4권역들 사이의 순환은 때에 따라 빠르기도 하고 느리기도 합니다. 예를 들면 태풍은 며칠 사이에 엄청난 양의 물을 바다에서 육지로 옮기지만, 수증기가 눈으로 내려 빙하에 갇히면 수만 년 또는 수십만 년 동안 바다로 돌아가지 못하기도 합니다. 이처럼 권역들 사이의 물질 교류 속도가 달라지면 각 권역의 크기나 구성 성분에 변화를 가져오는데, 이러한 변화들이 모이면 지구 환경을 크게 바꾸게 됩니다. 예를 들면 인류가 에너지를 과도하게 소비함으로써, 이들 권역의 자연적인 순환과 균형에 큰 영향을 미치면서 지구 온난화와 같은 문제가 발생하게 되었습니다. 이러한 점을 고려할 때, 단기적 관점에서 최근 수년 또는 수십 년 사이에 지구계에서 일어나는 변화를 알아내어 지구의 미래를 예측하는 일은 물론, 장기적 관점에서 수만 년 또는 수억 년에 걸쳐 일어났던 변화를 밝히는 일도 중요합니다.

지구계 상호 작용은 어떤 결과를 낳았을까

앞서 살펴본 것처럼, 지구계는 태양계의 역학적 시스템 안에 존재하는 구성 요소이면서 그 자체로 수많은 생명체를 포함하는 하나의 시스템입니다. 또한 지구계는 방사성 원소의 붕괴로 인한 내부의 에너지와, 태양에너지 등 외부 에너지원에 의해 유지되는데, 지구계 각 권의 상호 작용에는 이러한 에너지의 흐름과 물질 순환이 수반됩니다. 또한 에너지 흐름과 물질의 순환으로 인해 지표의 변화나 날씨의 변화 등과 같은 자연 현상이 일어납니다. 특히 기권의 대기와 수권의 해양은 서로 긴밀하게 상호 작용하며 유지되는데, 대표적인 것이 대기 대순환과 해류의 분포입니다.

태양 에너지가 지구에 도달하여 물과 공기 및 지표에 흡수되거나 재방출되는 과정과, 위도에 따른 에너지 비평형으로 인해 다양한 기상 현상과 기후변화 및 대기와 해양의 대순환이 나타납니다. 또한 태양 에너지는 식물의 광합성 과정에 흡수되어 식물과 동물의 에너지원으로 저장되기도 합니다. 즉 대기와 해양의 대순환을 통하여 지구 전체는 에너지 평형을 이루게 됩니다. 이 과정에서 대기 중으로 방출되는 열과 연소 부산물인 이산화탄소가 온실 효과를 일으키면서 지구 환경이 변화하는 중요한 원인이 됩니다. 특히 지구계의 에너지 순환 과정에서 엘니뇨나 라니냐와 같은 해양 순환의 변화가 나타나며, 이러한 변동은 지구 전체 기후에 영향을 미칩니다. 온대 저기압과 태풍과 같은 기상 현상은 매우 큰 규모의 대기 변화이며, 황사와 해일 등 여러 기상 현상들은 대기뿐만 아니라 지권·수권 등 다른 권역과의 유기적인 관계 속에서 일어납니다.

이처럼 크고 작은 규모의 여러 가지 기상 현상들은 대기와 해양의 대순환과 연관되어 있는데, 날씨를 예측하는 데는 수치예보가 사용됩니다. 수치예보Numerical Weather Prediction; NWP란, 대기 현상의 역학 및 물리적 원리에 대한 방정식을 컴퓨터를 활용하여 연속적으로 분석함으로써 현재의 대기 상태를 분석하고, 나아가 미래의 대기 상태를 정량적으로 예측하는 일련의 과정을 의미합니다. 수치예보에는 통신망, 슈퍼컴퓨터, 예보 모델 등과 같은 첨단 과학과 기술이 동원됩니다. 이 외에도 지구 역사를 통하여 변화한 고기후를 연구하는 데 이 방법을 활용하여 과거의 기후변화에 관한 정보를 분석함으로써 미래의 지구 기후변화를 예측할 수 있습니다.

대기와 해양의 대순환에 따른 변화는 사람을 포함한 생물권에 큰 영향을 미칩니다. 지질 시대를 거쳐 그리고 오늘날에도 지구 환경은 끊임없이 변화하고 있으며, 이러한 환경 변화에 적응하면서 오늘날의 생물다양성이 형성되었습니다. 따라서 이러한 지구계를 이루는 하부 권역들의 상호 작용이 지구 생명체의 존속에 기여하고 있음을 알고, 후대를 위해 지구계를 최적의 상태로 보전하는 것이 인류의 책임임을 인식할 필요가 있습니다.

생명체는 어떤 과정을 거쳐 진화했을까

지구는 약 46억 년 전에 탄생한 것으로 알려져 있습니다. 지구 탄생 이후 지구의 역사는 크게 명왕 누대Hadean Eon, 시생 누대Archean Eon, 원생 누대Proterozoic Eon, 현생 누대Phanerozoic Eon로 나누어집니다.

명왕 누대는 지구 탄생 이후, 가장 오래된 암석이 알려진 시기인 약 40억 년 전까지의 기간입니다. 명왕 누대의 기록은 남겨진 것이 없습니다. 하지만 이 기간에 지권과 수권, 기권 그리고 어쩌면 생물권도 형성되었다는 사실이 알려져 있습니다. 지권, 수권, 기권 등이 상호 작용하며 균형을 이루는 가운데 지구의 생명체는 진화를 거듭해왔습니다.

시생 누대는 약 40억 년 전에서 25억 년 전 사이의 기간으로, 암석 기록이 있기는 하지만 암석이 생성된 이후 발생한 조산 운동과 변성 작용의 탓으로 남겨진 기록이 희미합니다. 원생 누대는 25억 년 전에서 캄브리아기 시작(5억 4100만 년 전) 이전의 기간으로, 지구가 환경적으로 커다란 변화를 겪었던 시기입니다. 원생 누대에는 많은 부분이 육지로 드러나 대륙의 규모도 컸고, 맨틀의 대류가 느려지면서 오늘날과 비슷한 판구조 운동이 일어났습니다. 또 기권은 산소가 없는 환경에서 산소가 있는 환경으로 바뀌었고, 생물권도 원시적인 원핵생물인 세균에서 좀 더 발전된 진핵생물로 바뀌어갔습니다.

현생 누대는 약 5억 4100만 년 전 이후에서 현재까지의 기간으로, 지구에 생명이 넘쳐나기 시작한 시기입니다. 현생 누대에 지구 환경은 오늘날과 비슷한 모습을 갖추었으며, 우리 인류를 포함한 지구상의 거의 모든 생물들이 등장하였습니다. 더구나 2050년경에는 인류가 만들어낸 인공지능이 인류의 지능보다 더 높아지는 시대를 맞이하게 될지도 모릅니다. 이때가 되면 자연적인 진화 대신 인류에 의한 진화가 이 지구에서 이루어질 수도 있으므로, 초인류transhuman 시대를 맞이할지도 모릅니다.

제5장

생명의 과학

◇

생물학의 모든 내용은
진화의 빛 안에서만 의미를 가집니다.

◇

생물학자 테오도시우스 도브잔스키
Theodosius Dobzhansky
1900~1975

생명체를 이루는 기본입자는 우주의 물질계와 마찬가지로 원자와 분자입니다. 다만 생명체는 그중 특별한 원소들로 구성되고, 생명을 가지는 세포를 기본단위로 합니다. 이렇게 구성된 다양한 생명체가 모여 생명계를 이룹니다.

한편 생물은 무생물과 달리 '복제에 의한 생식' '물질대사' '유전' '항상성' '진화'와 같은 생명현상을 지닙니다. 이러한 생명현상은 '유전원리' '중심원리' '진화원리' 등의 기본원리에 따라 진행됩니다. 생명체는, 특히 인체는 생명을 지속시키기 위한 생리 기능을 통해 질병을 방어합니다.

생명현상은 궁극적으로 물리·화학의 법칙을 따르지만, 그것의 고유한 특성과 복잡성 때문에 생명과학의 언어로 설명해야 합니다. 생명과학은 생명체의 특성은 물론, 환경과의 상호 작용 등 다양한 생명현상에 대해 연구합니다. 오늘날 생명과학의 지식은 양적·질적으로 폭발하며 산업 전반에 활용되고 있습니다. 뇌의 학습 기능을 모방한 인공지능과 같이 생명현상을 응용한 공학기술들이 빠르게 발전하고 있습니다. 하지만 생명과학의 근본적인 관심은 '생명현상은 무엇이고 또 인간은 무엇인가'라는 문제로 다시 귀결됩니다.

이 장에서는 다양한 생명현상의 근본적인 특성을 알아보고, 생명과학과 함께하는 인류의 현재와 미래를 살펴보겠습니다.

분자에서 생태계로

생명체는 무엇으로 이루어져 있을까

생물은 유기물로 구성되어 있는 유기체라고 말합니다. 유기물이란, 유기체, 즉 생물에서 비롯된 화합물이란 뜻을 담고 있습니다. 특히 유기물은 탄소를 포함하고 있습니다. 탄소 원자는 주변에 있는 네 개의 다른 원자와 결합할 수 있어 다양한 물질을 만들 수 있습니다. 탄소 원자의 이러한 특성 때문에 수천수만 개 이상의 원자가 결합하여 고분자 유기화합물을 만들 수 있습니다. 생물을 구성하는 물질 역시 핵산, 단백질, 지질, 탄수화물 등으로 이루어진 고분자 유기화합물입니다. 핵산은 유전정보를 저장하거나 전달하는 역할을 하며, 단백질은 마치 공장의 도구나 기계처럼 다양한 기능을 담당합니다. 지질은 세포막을 구성하거나 에너지를 저장하는 형태로 쓰이며, 탄수화물은 주로 에너지원으로 활용됩니다.

생명의 기본단위는 무엇일까

1600년대에 현미경을 이용하여 미시세계를 탐구하던 과학자들은 생물이 세포로 이루어져 있다는 사실을 알아내었습니다. 세포라는 단어는 로버트 훅R. Hooke이 코르크를 관찰한 결과를 기록하면서 처음 사용하였는데, 그 후 여러 학자들의 공로로 **세포가 생명체의 기본 단위임이 밝혀졌습니다.** 현미경의 성능 향상과 염색법의 발달 그리고 20세기에 이르러 광학현미경의 한계를 뛰어넘는 전자현미경의 발달 등으로 세포의 미세구조가 밝혀졌으며 이러한 구조물이 어떻게 상호 작용하는지를 알게 되었습니다.

세포에는 크게 두 종류가 있습니다. 먼저 진핵세포는 유전물질인 DNA(디옥시리보 핵산)가 핵막에 둘러싸여 세포의 다른 부분과 나누어진, 좀 더 복잡한 구조의 세포입니다. 이와는 달리 핵막이 없고 구조가 더 단순한 세포는 원핵세포입니다. 원핵세포로 이루어진 생물을 원핵생물이라고 하는데, 이것을 세균이라고도 부릅니다.

세포 ┬ 진핵세포 - DNA, 핵막
     └ 원핵세포 ⇒ 세균

진핵세포는 다양한 기관들이 상호 작용하며 세포의 생명현상을 유지하고 있습니다. 진핵세포에는 유전물질인 DNA와, 세포의 생명현상을 통제하는 핵 이외에도 빛을 받으면 대기의 이산화탄소로부터 포도당을 합성하는 엽록체, 물질의 합성 장소이자 이동 통로 역할을 하는 소포체 그리고 유기물을 분해하여 생명활동에 필요한 에너지를 만

대부분 생물체는 원핵세포보다 훨씬 복잡하고 규모가 큰 진핵세포로 이루어져 있다.

드는 미토콘드리아 등이 들어 있습니다.

이 중 에너지 대사에서 핵심적인 역할을 담당하는 엽록체와 미토콘드리아는 독자적인 DNA를 갖고 있습니다. 한편 세포핵 내부의 유전물질이 부모로부터 유전자를 절반씩 받아 만들어지는 것과는 달리, 미토콘드리아는 어머니 쪽을 통해서만 이어지기 때문에 인류의 계통을 추적하는 데 매우 중요한 역할을 하기도 합니다.

세포는 어떻게 개체가 될까

생물이 가진 가장 중요한 특징은 자신을 유지하기 위해 물질을 받아들이고 내보내는 물질대사와, 유전정보를 통해 자손을 만들어내는 생식입니다. 이러한 생명활동을 온전하게 영위하는 최소의 독립적인 단위를 개체라고 부릅니다.

아메바나 짚신벌레 그리고 다른 많은 세균들처럼 세포 하나로 생식과 물질대사를 모두 하는 생물은 세포가 곧 개체이기 때문에 단세포 생물이라고 부릅니다. 반면 세포들이 서로 다른 역할을 담당하기 때문에 이들이 뭉치지 않으면 온전한 개체가 될 수 없는 생물을 다세포 생물이라고 합니다. 그런데 단세포 생물과 다세포 생물의 중간쯤에 위치한 생물도 있습니다. 세포의 기능 분화가 분명히 이루어지지 않은 채, 다수의 단세포 개체가 모여 살아가는 생물들이 해당하는데, 이를 흔히 군체라고 부릅니다.

다세포 생물은 세포들이 생식과 물질대사의 역할을 나누어 전담함으로써 분화가 이루어진 생물입니다. 다세포 생물은 일반적으로 같은 기능을 하는 세포가 모여 조직을 이루고, 여러 조직이 결합돼 특정한 기능을 담당하는 기관이 되고, 기관이 모여 기관들의 체계인 기관계를 구성합니다. 그런 다음 여러 가지 기관이 모여 하나의 개체가 됩니다.

개체
- 단세포 생물
- 군체
- 다세포 생물(세포 → 조직 → 기관 → 기관계 → 개체)

예를 들어 근육세포들이 모이면 근육조직이 되고, 신경세포들이 모이면 신경조직이 됩니다. 서로 다른 조직들이 모여 일정한 기능을 담당하면 기관이 됩니다. 심장은 근육조직, 신경조직, 상피조직, 결합조직으로 구성된 기관입니다. 이러한 기관들 중에는 서로 연결되어 공동의 목적을 달성하는 것이 있는데, 이들을 묶어 기관계라고 합니다. 심장은 혈관으로 이어져 순환(기관)계를 형성하고, 입·식도·위·소장·대장·간·이자 등은 음식물을 소화해 양분을 공급하는 소화(기관)계를 구성합니다. 동물은 소화계, 순환계, 호흡계, 배설계, 신경계, 근골격계 등의 기관계가 모여 개체를 이룹니다.

개체는 어떻게 생태계를 이룰까

생물은 혼자서 살 수 없습니다. 혼자서 사는 것처럼 보이는 생물도 같은 종의 다른 개체들과 무리를 짓지 않을 뿐, 다른 종의 개체들과 서로 영향을 주고받아야 살 수 있기 때문입니다.

같은 종에 속하는 개체들은 일정한 지역을 차지하고 상호 작용하기도 하는데, 이 모임을 개체군이라고 합니다. 초원에서 무리를 짓고 살아가는 얼룩말 개체군이나 사자 개체군을 생각해볼 수 있을 것입니다. 그런데 사자와 얼룩말은 먹고 먹히는 상호 작용을 합니다. 이처럼 일정한 지역을 차지하고 여러 개체군들이 상호 작용하는 개체군들의 집합을 군집이라고 합니다.

생물 군집은 다른 생물 개체군들뿐만 아니라 햇빛·공기·온도·물·토양 등과 같은 비생물 환경으로부터 영향을 받는데, 반대로 비생물 환경에 영향을 주어 변화시키기도 합니다. 이렇게 상호 작용하는 생물 군집과 비생물 환경을 통틀어 생태계라고 합니다.

개체 → 개체군 → 생물 군집 ┐
비생물 환경 ┘ 생태계

생물다양성이란 무엇일까

생물을 구분하는 가장 기본적인 단위는 종입니다. 종이란, 형태와 습성이 뚜렷이 구별되고 생식적으로 독립된 생물 집단을 뜻하는데, 생물학적 종이라고도 합니다. '생식적으로 독립되어 있다'는 것은 서로 교배할 수 없거나 교배하더라도 생식능력이 없는 자손이 태어나 더 이상 두 집단에서 유전자를 교류할 수 없는 경우를 말합니다.

종의 경계는 아주 분명한 것은 아니라서, 서로 다른 종으로 취급되는 두 종을 인위적으로 교배할 때, 생식능력이 있는 중간 형태의 자손이 태어나는 경우도 있습니다. 다만, 이는 예외적인 경우로 간주되기 때문에 둘은 여전히 다른 종으로 취급됩니다. 이렇게 생물학적 종 개념으로 지구의 생물을 헤아렸을 때, 현재까지 과학자들이 이름을 붙여준 것만 200만 종이 넘고, 아직 이름을 붙이지 못했거나 발견하지 못한 것까지 포함해 추산하면 지구에 사는 생물은 1000만 종이 넘는 것으로 알려져 있습니다. 이렇게 많은 종들이 분화되어 살아가는 것을 생물다양성이라고 부릅니다.

생물다양성은 진화의 결과입니다. 이때 진화는 발전이나 향상이 아니라, 유전자의 변이와 환경과의 상호 작용을 통해 이루어지는 다양성의 증가라고 할 수 있습니다. 생물을 크게 세 범주로 구분할 때 세포 속에 핵이 따로 구분되지 않는 세균과, 고세균이 독자적인 생물역을 각각 차지합니다. 그리고 대부분의 생물은 세 번째 범주인 진핵생물역에 포함됩니다. 진핵생물역에는 원생생물과 균류 그리고 식물과 동물이 있습니다.

생명이란 무엇인가

생명과 비생명은 어떻게 구별할까

인류학자 베이트슨G. Bateson은 기묘한 형태의 암석과, 갑각류의 죽은 사체를 구별할 수 있는 기준이 무엇인지 탐구한 적이 있습니다. 구성 성분에 별 차이가 없을 때 그 형태만을 보고 비생물과 생명체의 차이가 무엇이겠는지를 탐구 주제로 삼은 것이었습니다. 베이트슨이 제안한 답은 '성장하는 형태의 흔적'이었습니다. 결정의 형태나 반복적인 침식을 통해 생겨난 무늬는 생명활동의 결과로 만들어지는 여러 대칭이나 나선형의 패턴과는 구별된다는 것입니다.

이러한 설명은 물리학에서 생명의 문제로 관심사를 옮겨갔던 현대 물리학의 선구자, 슈뢰딩거E. Schrödinger의 제안과 같은 맥락에 있는 것이기도 합니다. 슈뢰딩거는 생명체 스스로 엔트로피entropy를 감소시킬 수 있다고 보았습니다. 비생물은 단순한 화학작용을 통해 에너지를

슈뢰딩거는 생명현상을 엔트로피에 관한 물리학 법칙으로 설명하였다.

잃고 분해되며 엔트로피를 증대시킬 뿐이지만, 생물은 살아 있는 동안 에너지를 얻어 질서 있는 생명현상을 유지하면서, 엔트로피를 감소시킬 수 있다는 것입니다. 슈뢰딩거는 생명체의 특징 중 하나인 물질대사에 주목한 것입니다.

지구상의 모든 생물에는 공통점이 있습니다. 즉 모든 생물은 세포로 구성되어 있고 '생식' '물질대사' '유전' '항상성' '진화' 등의 생명현상을 나타냅니다. 한편 바이러스는 생명체가 가진 특성 중 일부만을 갖고 있어 비생물로 간주합니다.

생명현상으로서 생식은 어떻게 일어날까

생식이란, 원래 있던 개체에서 또 다른 개체가 만들어지는 것입니다. 단세포 생물은 세포 분열이 곧 생식입니다. 생식 방법에는 무성생식과 유성생식이 있습니다. 무성생식은 새로운 개체, 즉 자손을 만드는 과정에서 모체 한 개체만으로 충분한 경우이고, 유성생식은 부모 두 개체가 협력해야 자손을 만들 수 있는 경우를 말합니다. 단세포 생물은 주로 무성생식을 하는데, 세포 분열을 통해 증식합니다. 다세포 생물이 무성생식을 하는 경우 몸의 일부를 떼어내어 자손을 만듭니다. 무성생식은 모체가 동일한 유전자 구성을 가지는 자손을 내놓는 것이므로 환경이 안정적일 때 유리합니다.

반면 유성생식은 감수분열을 통해 절반의 유전자를 가지는 생식세포를 만든 다음 두 개의 생식세포가 결합해 자손을 만듭니다. 이 과정에서 부모와는 유전자 구성이 다른 다양한 자손이 만들어질 수 있습니다. 유성생식은 부모와 똑같은 유전자 구성으로는 살아남기 힘든 환경에서 종족을 보존하는 데 유리합니다. 환경의 변화에 적응하며 다양한 형질을 갖춘 개체들이 종족 보존에 더 유리할 때, 유성생식이 성공적이라고 할 수 있습니다. 나아가 유성생식을 통해 살아남은 개체들에 의해서 집단 전체의 유전자 구성이 변화하게 됩니다.

생명현상으로서 물질대사는 어떻게 이루어질까

생명체가 자신의 생명을 유지하고, 다음 세대의 개체를 만들기 위해서는 주변에서 물질을 흡수해 필요한 물질로 바꾸고, 그 부산물을 내보내야 합니다. 이렇게 생명체 안에서 일어나는 화학 반응을 물질대사라고 합니다. 이러한 물질대사의 과정에서는 에너지의 출입이 이루어지는데, 이 에너지가 생명현상을 유지하는 동력이 됩니다. 생물은 탄수화물·단백질·지방 등의 유기물에서 에너지를 얻는데, 이 에너지를

ATP(아데노신 삼인산)*의 형태로 일시적으로 저장했다가 이를 분해하면서 필요한 곳에 사용합니다.

물질대사의 대부분은 효소의 도움으로 이루어집니다. 효소는 단백질이 주성분인 촉매입니다. 효소를 사용하면 화학 반응에 필요한 에너지를 낮추게 되므로, 낮은 온도에서도 화학 반응이 일어날 수 있게 합니다.

생명현상으로서 유전은 어떻게 발생할까

생물은 생명체의 가장 중요한 현상으로서 생식을 통해 자손을 만드는데, 이때 자손은 부모를 닮게 됩니다. 생물이 부모와 닮은 자손을 낳을 때 자손이 부모를 닮는 것을 유전이라고 합니다. 이렇게 볼 때 생명체의 특징으로서 생식과 유전은 따로 떼어낼 수 없습니다. 자손이 부모를 닮는 이유는 부모가 자손에게 자신의 유전자를 전달하였기 때문입니다. 유전자란 생명현상을 유지하는 데 필요한 정보의 단위로, 다양한 규모로 정의할 수 있습니다. 작게는 하나의 폴리펩타이드 polypeptide를 만드는 아미노산 서열부터, 크게는 날개 전체를 만드는 데 필요한 정보까지도 하나의 유전자로 정의할 수 있습니다.

가장 중요한 유전정보는 염색체 안에 있는 DNA에 저장되어 있습니다. DNA는 아데닌, 티민, 시토신, 구아닌 등 네 가지 염기가 이중나선의 형태로 꼬여 있는 구조입니다. 1953년 왓슨과 크릭이 이 구조를 밝힌 이후, 유전정보가 세포 안에서 어떻게 구현되는지를 밝히

* ATP, 즉 아데노신 삼인산은 동물·식물·미생물 등 모든 생물의 세포 내에 풍부히 존재하는 물질로, 생물의 물질대사에서 매우 중요한 역할을 합니다.

는 것이 생명과학의 가장 핵심적인 주제가 되었습니다. 유전정보는 DNA의 구성 부분인 뉴클레오티드의 서열에 의해 결정되며, 이 서열에 따라 RNA나 단백질이 만들어집니다. 이는 생명체의 구성과 기능 전체에 대한 설계도가 됩니다.

생명현상으로서 항상성은 무엇일까

18세기 영국의 과학자 찰스 블랙던C. Blagden은 공기의 온도가 127도가 넘는 방에 살아 있는 개와 소고기를 집어넣는 실험을 하였습니다. 나중에 열어 보니, 소고기는 익어서 스테이크가 되었지만, 개는 살아 있었습니다. 이처럼 생명체는 외부의 환경 변화에 대응해 체온이나 체내 산성 농도 등 내부 환경 요소를 일정하게 유지할 수 있는데, 이를 항상성이라고 합니다.

항상성은 세포 안의 화학 반응이 일정한 속도로 순조롭게 일어나도록 하는 데 필요합니다. 항상성을 유지하기 위해서는 외부 환경의 변화를 감지하고, 이에 적절하게 대응해야 합니다. 따라서 외부 환경의 변화를 감지할 감각세포나 감각기관이 필요하며, 감각기관에서 얻은 신호를 처리해 적절하게 반응할 수 있어야 합니다. 이렇듯 항상성은 신경계·내분비계·배설계·근골격계 등이 협력해 일어나는 복잡하고 정교한 생명현상으로, 항상성에 문제가 생기면 질병에 걸리거나 생명을 잃을 수도 있습니다.

생명현상으로서 진화는 어떻게 이루어질까

모든 생명체가 무성생식을 한다면, 생명체의 모습은 과거와 오늘이 다르지 않을 것입니다. 그러나 단세포 생물조차도 무성생식만으로 번식하지는 않습니다. 환경이 불리해질 경우, 다른 유전자 구성을 가진 자손을 만들기 위해 유성생식을 하기도 합니다.

유성생식은 생명이 더 잘 살아남기 위해 고안해낸 발명품이라고 할 수 있습니다. 이를 통해 다양한 유전자 구성을 가진 자손들이 만들어지고, 그 적응력에 차이가 생기게 됩니다. 게다가 유성생식은 돌연변이가 일어날 수 있는 확률을 높이는데, 이러한 우연이 적응에 필요한 다양성을 만들어내기도 합니다. 결국 이렇게 변화하는 환경에 잘 적응하는 생물은 살아남아 자손을 남길 확률이 커질 것이고, 그렇지 못한 생물은 도태될 것입니다. 이런 일이 오랜 세월 동안 반복되면 생물의 모습이 변하게 되는데, 이것이 바로 진화입니다.

생물학자 찰스 다윈은 생명의 다양성을 어떻게 설명할 수 있을지 궁리하다가 '자연선택을 통해 생물이 진화한다.'라는 주장을 발표했습니다. 다윈의 이러한 생각은, 인위적인 교배를 통해 원하는 형질을 가지는 자손을 길러내는 육종학에서 단서를 얻은 것이었습니다. 예를 들어 오늘날 인간의 친구가 된 견종은, 회색늑대를 길들여 개로 만드는 과정에서 인간이 특정 형질을 가진 개체들로부터 인위적으로 만들어낸 결과입니다. 오늘날 다양한 견종들은 특정 형질을 가진 개체들을 선택적으로 교배하고 번식시킨 결과로 나온 것입니다.

다윈은 자연에서 다양한 형질을 가진 개체가 살아남을 확률이 달라지는 것을 보고, 자연이 그러한 형질을 선택하는 것이라고 표현했습니다. 육종학에서 사람이 하는 역할을 자연에 돌린 것입니다. 하지만 당시 다윈은 그 원인과 구체적인 메커니즘에 대해서는 알 수 없었습니다. 한편, 멘델에 의해서 발전한 유전학은 다윈이 제창한 진화론과 서로 실질적인 연관성을 갖지 못하고 따로 발전하게 됩니다. 두 연구가 하나로 이어진 것은 유전자를 발견하고, 세포와 분자 수준에서 유전 현상을 규명해 진화의 원리를 이해할 수 있게 된 20세기 중반 이후였습니다.

생명이 지니는 연속성

완두콩에서 어떤 생명 원리를 발견할 수 있을까

19세기에 수도사였던 멘델G. Mendel은 완두콩을 형질별로 분류하고 여러 세대에 걸쳐 기르며 연구했습니다. 그 결과 처음으로 유전 현상에 관한 과학적인 설명을 내놓았습니다. 멘델은 일정한 형질이 세대별로 정해진 비율에 따라 나타나는 것을 발견하고 이를 통해 유전의 원리를 추론할 수 있었습니다. 또한 두 가지 이상의 형질이 동시에 유전되더라도, 어떤 형질에 관한 유전자가 다른 형질에 관한 유전자의 행동에 간섭하지 않는다는 점도 발견하였습니다.

멘델의 발견은 아직 형질과 유전자를 구별하지 못한 것이었습니다. 하지만 유전 현상이란, 자손 대대로 물려주더라도 흩어지거나 희석되지 않으면서 고유성을 유지할 수 있는 유전자에 의해 일어난다는 사실을 알아냈다는 데 큰 의의가 있습니다. 멘델의 이러한 발견 이후 과학자들은 유전자의 정체가 무엇인지를 밝혀내기 위해 노력하였고, 그 결과 유전자가 DNA에 담겨 있는 정보라는 점을 밝혀내었습니다.

유전정보는 어떻게 발현하는 것일까

DNA는 아데닌(A), 구아닌(G), 시토신(C), 티민(T) 뉴클레오티드의 중합체로, 이중나선double helix의 형태로 길게 이어져 있습니다. 이중나선은 아데닌과 티민, 구아닌과 시토신 염기가 상보적으로 수소 결합을 하여 만들어집니다. 세포가 분열할 때, 이중나선의 가닥이 분리된 후, 각각의 가닥을 주형으로 DNA 중합효소가 떨어져 나간 가닥에 해당하는 새로운 상보적 가닥을 합성하여 DNA가 복제됩니다. 이를 반보존적 복제라고 하는데, 이렇게 새롭게 만들어진 두 개의 DNA는 염색체로 포장되어 딸세포에게 전달됩니다.

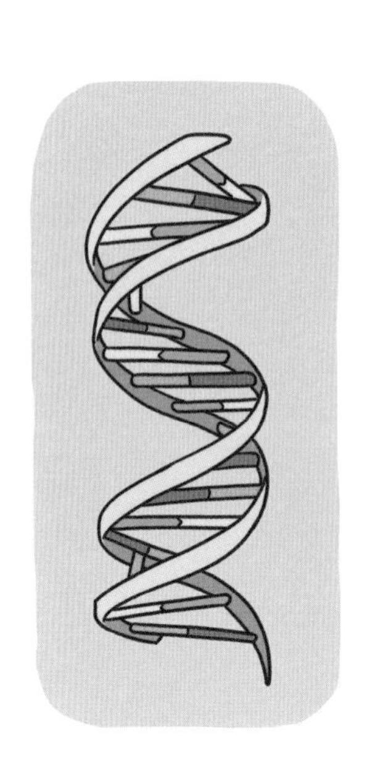

이중나선 구조의 발견자인 크릭F. Crick은 1958년 유전정보가 DNA에서 RNA를 거쳐 단백질로 전달되어 나타난다고 주장했습니다. 크릭은 이것을 분자생물학의 '중심원리'라고 제안했습니다. RNA 중합효소는 DNA 가닥 중 하나를 인식해 상보적인 mRNA(메신저 RNA)를 합성하는데, 이 과정을 전사transcription라고 합니다. mRNA는 DNA로부터 전사된 유전정보를 갖고 있으며, 세포질에서 리보솜과 결합하여 tRNA(운반 RNA)를 끌어들입니다. 이 tRNA가 리보솜과 mRNA 사이로 들어가

나란히 부착되면, 이때 tRNA에 붙어 있던 아미노산이 펩티드 결합을 하게 됩니다. RNA가 단백질을 만드는 이 과정을 번역translation이라고 합니다.

DNA가 감수분열로 복제되는 과정이나 RNA를 거쳐 단백질로 발현되는 전사-번역 과정에서 오류가 생기면, 돌연변이 단백질이 만들어집니다. 돌연변이 단백질은 원래의 기능이 사라져 문제를 일으키는 경우도 있고, 다른 기능을 방해하기도 합니다. 만일 DNA 복제 단계에서 돌연변이가 생기면, 이것은 자손에게 전달되어 유전병의 원인이 되기도 합니다. 이는 중합효소의 복제 기능이 완벽하지 않기 때문에 일어나는 현상입니다. 그러나 돌연변이가 정상 기능에 영향을 주지 않거나 새로운 기능을 하는 경우도 있는데, 이는 유전학에서 다루는 주요 주제 중 하나입니다.

진화론과 유전학은 생명을 어떻게 설명할까

다윈은 '변이를 가진 자손들 간의 생존 능력 차이에 따라 진화가 일어난다.'라고 주장하였습니다. 하지만 다윈은 정작 변이가 일어나는 원리에 대해서는 알지 못하였는데, 이는 앞서 말한 것처럼 다윈과 멘델이 동시대에 살았지만 서로 교류할 기회가 없었기 때문입니다.

현대 진화론은 유전학의 토대 위에서 정교해졌습니다. 예를 들어 오늘날에는 진화를 '유전자풀gene pool에 나타난 변화'로 정의합니다. 유전자풀이란, 개체군에 있는 모든 유전자의 집합입니다. 이 유전자풀에서는 대립 유전자 간의 빈도를 계산할 수 있습니다. 달리 말해 서로 대립하는 유전자들 사이의 발현 빈도가 바뀌는 것, 특히 세대를 거치며 변하고 축적되어 일어나는 것이 진화입니다. 한편 유전자풀을 변화시키는 요인은 다윈이 제안한 자연선택 외에도 돌연변이, 격리, 유전자 부동 등이 있습니다.

DNA는 안정적인 물질이어서 부모 세대의 유전정보를 자손에게 전달할 수 있지만, 방사선이나 화학물질 등에 의해 손상이 잘 일어나기도 합니다. 대체로 이 손상은 잘 복구되는 편이지만, 그 과정에서 오류가 생기면 돌연변이가 나타납니다.

격리는 지리적 장벽 등으로 하나의 개체군이 두 개 이상으로 갈라진 후 서로 교류하지 않는 것입니다. 격리 역시 유전자풀을 서로 달라지게 할 수 있습니다. 한편 개체수가 작은 집단일수록 우연한 사고에 의해 유전자풀이 변화할 가능성이 큰데, 이를 유전자 부동이라고 합니다. 이렇게 돌연변이, 격리, 유전자 부동 등이 진화를 만들어내는 메커니즘의 일부입니다.

인체의 기관과 생리 기능

인체의 기관계는 어떤 역할을 할까

우리 몸은 항상성을 유지하기 위해 다양한 생리적 기능을 수행합니다. 우리 몸의 기관은 크게 소화계, 순환계, 배설계, 신경계, 생식계, 면역계 등으로 나누어집니다. 생리학에서는 생리학적 기능들을 종류별로 구분하여 해당 기능을 수행하는 기관들의 기능과 상호 작용을 다룹니다.

소화계는 음식을 소화하여 영양소와 부영양소를 흡수하는 기능을 합니다. 순환계는 호흡기관인 허파를 통해 공기 중의 산소를 흡수하여 세포의 호흡을 돕고, 대사과정에서 생긴 이산화탄소를 배출합니다. 또한 혈액을 통해 산소와 이산화탄소를 운반하고, 체온과 pH 그리고 삼투압을 조절하며, 응고반응을 통해 방어 기능을 합니다. 또 심장은 혈액을 순환시킵니다.

배설계는 신장 등에서 당의 재흡수와 노폐물의 배출을 담당합니

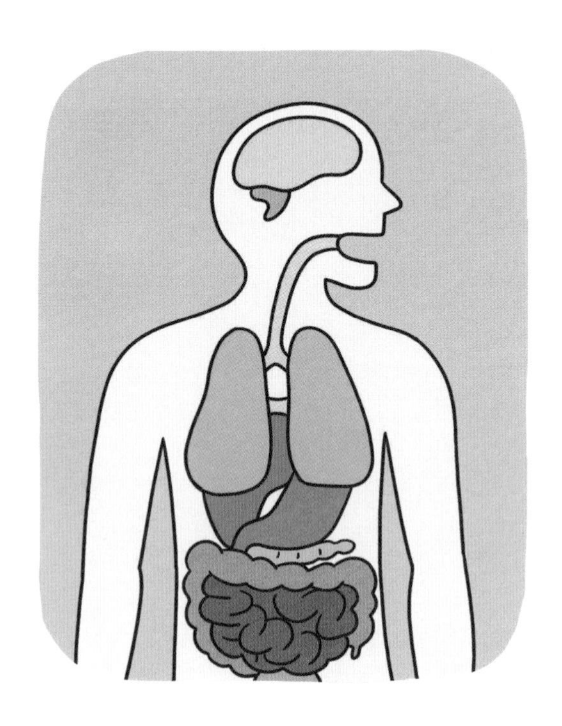

다. 신경계는 뇌와 척추를 포함하는 중추신경계와 말초신경계로 나뉘는데, 자극과 반응을 매개하며 학습 및 기억 등 고등 기능을 수행합니다. 생식계는 생식세포에서 정자와 난자를 생산합니다.

질병의 방어는 어떻게 이루어질까

질병이란 정신과 신체가 건강하지 못한 상태를 말합니다. 항상성이 유지되지 않으면 질병에 걸릴 수 있습니다. 따라서 건강검진을 할 때는 혈당량과 pH 등 체액의 물리화학적 환경 요소를 검사합니다. 한편 외부에서 미생물이나 바이러스와 같은 병원체가 침투해도 질병에 걸릴 수 있습니다. 이러한 질병을 감염성 질병이라고 하는데, 우리 몸은 병원체의 침투와 증식을 막기 위한 방어시스템을 갖추고 있습니다.

우리 몸의 방어시스템은 비특이적 방어와 특이적 방어로 구분할 수 있습니다. 비특이적 방어란, 병원체의 종류에 상관없이 동일하게 작용하는 경우로, 피부나 점막에 의한 장벽 방어, 병원체의 침투를 국소에서 차단하기 위한 염증반응 등이 해당합니다. 특이적 방어란 항원-항체 반응의 특이성에 따른 방어 작용으로, 병원체의 종류에 따라 다르게 작용하는 경우를 말합니다. 인체에 특정한 병원체가 침투하면 그 병원체가 가지고 있는 항원에 대항하는 항체가 만들어 집니다. 이 항체는 병원체가 사라지면서 같이 사라지지만, 항체를 만드는 기억세포가 남아 동일한 항원을 가진 병원체가 침입하는 경우에 대항할 수 있습니다. 따라서 열이나 방사선으로 약하게 만든 병원체인 백신을 주사하면 그 병원체가 가진 항원에 대항하는 항체를 만들 수 있는데, 이를 예방접종이라고 합니다. 한편 체세포가 변형되면 면역세포가 공격하는 경우가 있는데, 이를 자가면역질환이라 합니다. 류머티스 관절염이 대표적입니다.

생태계의 상호 작용과 순환

생태계의 구성원들은 어떻게 상호 작용할까

생태계를 구성하는 요소는 동물, 식물, 균류와 같은 생물 요소와 빛, 온도, 물과 같은 비생물 요소로 구분할 수 있습니다. 생태학은 생태계 각각의 요소들 사이에 일어나는 상호 작용을 연구합니다.

생태계를 구성하는 생물 요소는 그 역할에 따라 생산자와 소비자, 분해자로 구분할 수 있습니다. 생산자는 식물이나 조류처럼 광합성을 통해 스스로 유기물을 만드는 생물이며, 소비자는 초식동물이나 육식동물처럼 생산자가 만든 유기물을 직간접으로 소비하는 생물을 말합니다. 분해자란 곰팡이와 세균을 말하는데, 생물의 사체나 배설물을 분해하여 무기 환경으로 돌려보내는 역할을 합니다.

비생물 요소인 빛과 온도, 물과 같은 무기 환경은 생물의 삶에 영향을 미치는데, 생물 역시 이러한 비생물 요소에 영향을 줍니다.

한편 생물은 무기 환경이 어느 정도 변해도 적응할 수 있는데, 이렇게 적응할 수 있는 범위를 내성범위라 합니다. 반면 생물의 삶에 영향을 미치는 여러 요인 중 그것이 가장 부족한 경우에 생물의 생존을 제한하는 요인을 한정요인이라 합니다.

생태계의 에너지는 어떻게 순환할까

지구 생태계 에너지의 근원은 태양의 빛에너지입니다. 빛에너지는 생산자를 통해 유기물의 화학 에너지로 전환되어 생태계로 유입된 다음, 먹이사슬을 통해 흐릅니다. 또 생물의 몸에서 사용된 에너지는 결국 열에너지로 전환되어 지구 밖으로 방출됩니다. 이처럼 생태계에서 에너지는 일정한 방향으로 흐릅니다.

그런데 먹이사슬을 통해 이동하는 에너지의 양은 상위 단계로 갈수록 줄어들게 됩니다. 이를 쌓아올리면 피라미드 모양이 됩니다. 생태계를 구성하는 각 요소들이 큰 변화 없이 일정한 상태를 유지하는 것을 생태계의 평형이라고 하는데, 생태계의 평형을 유지하는 데는 먹이사슬이 중요한 역할을 합니다. 한편 생태계의 평형은 산불이나 홍수 등 자연재해에 의해서도 깨질 수 있습니다. 생태계는 평형이 깨지면 다시 회복할 수 있는 능력이 있습니다. 산불로 숲이 사라지면 땅속에 묻혀있던 관목식물의 씨앗이 자라나기 시작하고, 그것이 침엽수림, 활엽수림으로 성장하며 숲이 회복됩니다. 동물들 역시 장거리를 이동하면서 물질의 순환에 기여합니다.

오늘날 자연이 지닌 회복력의 한계를 넘는 무분별한 개발로 생태계 균형이 깨지고 있습니다. 특히 화석연료 사용에 따른 기후변화

가 심각한데, 연평균 온도가 6℃ 이상 올라가면 생태계가 크게 교란될 것이라고 과학자들은 경고합니다. 1991년 미국 애리조나주에서는 지구 환경의 축소판을 만들어, 햇빛만 통과할 뿐 외부와 물질 출입이 전혀 없는 완전히 밀폐된 공간에서 사람이 살도록 한 '바이오스피어2' 계획을 실행하였으나 실패하였습니다. 이는 생태계 평형이 무너지는 일은 피할 수 없는 재앙이 될 수 있다는 경각심을 심어준 사례입니다.

뇌과학
: 21세기 생명 연구의 프런티어

21세기 과학의 프런티어는 무엇일까

20세기에는 분자생물학을 중심으로 한 생명 연구가 발전을 이루었다면, 21세기에는 그 기반 위에서 인간의 뇌 연구가 생명 연구의 발전을 이끌어갈 것으로 보입니다.

뇌는 동물에만 존재하는 기관입니다. 스펀지와 같이, 이동하지 않는 해면동물은 분화된 조직이 없으므로 뇌도 없습니다. 예를 들어 멍게의 유생*은 뇌와 함께 척삭**이 있어 헤엄을 치며 환경을 탐색할 수 있으나, 성체가 되면 변태를 하여 고착생활을 하면서 뇌가 없어집니다. 이는 뇌가 행동을 조절하는 중요한 기관임을 보여주는

---

* 유생은 변태하는 동물의 어린 것을 말합니다.

** 척삭은 척추의 기초가 되는 것으로, 척수의 아래로 뻗어 있는 연골로 된 줄 모양의 물질입니다.

사례입니다.

1906년 카밀로 골지와 레이몬드 카할이 신경세포의 발견으로 노벨상을 수상하였습니다. 이후 뇌기능의 기본단위인 신경세포를 연구하여 감각, 인지, 학습, 기억, 행동 등 뇌의 다양한 기능을 이해하는 신경과학이 태동하고 발전합니다. 신경과학의 원리들은 최근 활발하게 연구되는 인공지능 및 기계학습에 활용되고 있습니다.

신경세포는 어떤 원리에 따라 작동할까

신경세포가 자극을 받아 흥분하게 되면 전기적인 신호를 만들어냅니다. 그런데 신경이 신호를 만들어내기 전, ATP(아데노신 삼인산)를 사용하여 신호를 만들 준비를 합니다. 이렇게 준비된 상태를 '휴지막 전위resting potential'라고 합니다. 휴지막 전위는 마치 활시위를 미리 당겨놓은 상태와 유사합니다. 외부에서 자극이 오면, 활시위를 놓듯 휴지막 전위가 사라지면서 신경신호를 만들어냅니다. 이렇게 만들어진 신경신호를 '활동전위action potential'라고 합니다. 활동전위는 신경세포 말단에서 신경전달물질을 분비하게 합니다. 분비된 신경전달물질은 연결되어 있는 이웃신경을 다시 자극하게 됩니다.

신경과 신경의 연결을 시냅스라 합니다. 시냅스란 뇌세포들을 서로 이어주는 연결고리로, 이를 통해 신경세포들 사이에 신호를 교환함으로써 뇌가 작동하게 됩니다. 말단 감각신경은 시냅스를 통해 뇌로 다양한 정보를 전달하고, 뇌는 시냅스를 통해 말단 운동신경을 자극하고 근육을 움직여 행동을 만들어냅니다. 신경 간의 시냅스는 강화될 수도 있고 약화될 수도 있습니다.

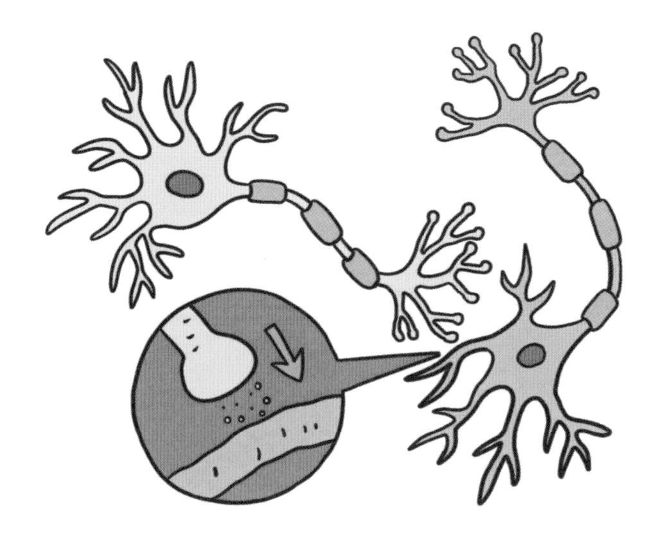

뇌의 수많은 신경세포 각각에는 수천수만의 가지가 뻗어 나와 서로 연결된다.

시냅스는 학습에 어떤 영향을 미칠까

파블로프는, 개에게 소리를 들려주면서 음식을 주는 실험을 통해 개는 소리와 음식을 연결하여 소리만 들어도 침을 흘리게 된다는 사실을 발견하였습니다. 이렇게 두 가지 서로 다른 자극이 연결되는 현상을 '조건화' 혹은 '연관학습'이라고 합니다. 캐나다의 심리학자인 도날드 헵D. Hebb 박사는 이러한 연관학습을 신경의 시냅스 연결을 통해 설명하였습니다. 자극이 동시에 들어올 때 그 자극에 의해 동시에 흥분한 신경세포들은 서로의 시냅스가 강화되는데, 나중에 이들 신경의 일부만 흥분해도 시냅스를 통해 원래의 기억에 관여했던 신경들을 소집할 수 있다는 것입니다. 이 외에도 다양한 연구를 통해 시냅스가 강화되는 원리가 규명되었습니다. 치매 등 기억에 이상이 생기는 뇌질환 역시 시냅스의 기능 이상과 연관이 있습니다.

뇌-컴퓨터 접속과 인공지능은 얼마나 발전했을까

오늘날에는 신경의 원리, 즉 신경이 전기적인 신호를 통해 커뮤니케이션하는 것을 활용하여 다양한 응용분야 및 산업이 태동하고 있습니다. 예를 들어 뇌가 만들어내는 전기신호를 컴퓨터로 분석하면 신경정보의 의미를 파악할 수 있고, 컴퓨터에서 만들어낸 전기신호로 신경을 자극하면 뇌에 정보를 입력할 수 있게 되는 것입니다. 이러한 기술을 '뇌-컴퓨터 접속'이라 합니다.

뇌-컴퓨터 접속기술을 활용하면 생각하는 것만으로 로봇 팔을 움직이거나, 척수 손상으로 움직이지 못하던 다리를 움직이게 할 수도 있습니다. 이와 같이 신경 손상 환자들의 불편함을 해소할 수 있는 다양한 신경보정기술이 발전하고 있습니다.

또한 신경과학의 원리를 수학적으로 재해석하여 컴퓨터가 뇌의 기능을 모사하게 하는 '인공지능' 분야가 있습니다. 1997년 체스게임에서는 인공지능 딥블루Deep Blue가, 2015년 바둑에서는 인공지능 알파고AlphaGo가 인간을 상대로 승리하였습니다. 컴퓨터가 발전함에 따라 인공지능의 실용화 가능성이 높아지고 있습니다.

뇌가 학습하는 데 정보가 필요하듯이, 인공지능도 학습을 위한 정보가 필요합니다. 생물체는 경험을 통해 정보를 습득하는 것과 달리, 인공지능의 경우에는 필요한 정보를 따로 입력해주어야 합니다. 하지만 인공지능은 쉬지 않고 막대한 데이터를 수용하여 처리할 수 있으므로, 특정 부분의 정보처리 및 해석에서 인간의 능력을 앞설 수 있는 것입니다. 이러한 막대한 양의 정보를 '빅데이터'라고 합니다. 예컨대 인공지능 왓슨Watson은 수많은 환자들의 임상 빅데이터를 학습하였습니다. 그 결과 환자의 영상데이터를 통해 질병을 알아내고 치료 방법을 제시하는 일에서 전문 의사보다 더 뛰어난 수준에 도달하게 되었고, 가까운 미래 의료 현장에 적용될 예정입니다. 하지만 왓슨이 의료적 판단을 내리는 데 근거가 되는 지식은 인간이 작성하는 것이므로, 인간의 지식을 뛰어넘는 진단이나 치료를 제안하기까지는 아직 어렵다고 할 수 있습니다.

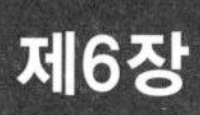

과학과 수학

◇

수학자들은 대상이 아니라
대상들 사이의 관계를 연구합니다.
관계가 달라지지 않는다면, 그 대상을
무엇으로 바꾸든지 상관없습니다.
물질은 수학자들의 관심사가 아니며,
이들은 형태에만 관심을 가집니다.

◇

수학자 쥘 앙리 푸앵카레
Jules-Henri Poincaré
1854~1912

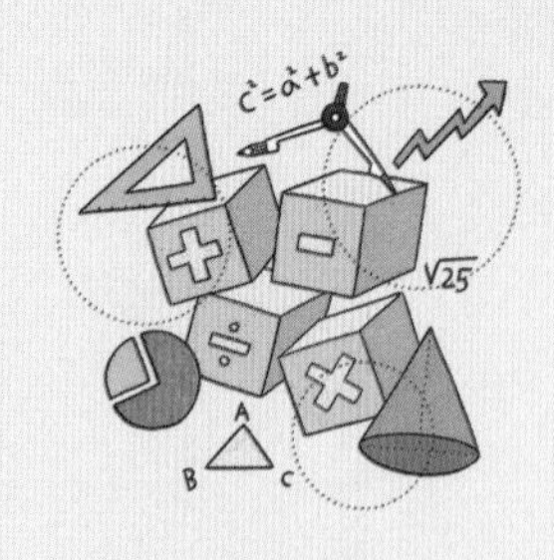

수학mathematics은 기본적으로 수數를 다루는 학문이지만 한편으로 사물의 이치를 다루는 학문을 뜻하기도 합니다. 'mathematics'의 어원인 그리스어 '마테마máthēma'는 '배우는 것' 혹은 '지식'이라는 뜻을 가지고 있습니다. 넓은 의미에서 수학은 거의 모든 학문 분야를 포괄하는 지식으로 볼 수 있습니다

제2장에서 과학의 언어이자 도구로서 수학의 특성을 살펴보았습니다. 이 장에서는 본격적으로 수학의 본성을 탐구합니다. 인류의 역사만큼이나 오래된 학문인 수학의 기초를 이루는 것은 무엇이며, 오늘날에는 수학의 어떤 분야가 발전하고 있는지를 살펴봅니다.

먼저 수학의 기초를 이루는 수의 체계와 도형에 대해 설명합니다. 자연 현상에서 얻어지는 정보를 수량 또는 형태로 기록하는 과학에서 수학이 중요한 이유는 수나 도형이 양을 다루는 기본이자, 형태를 표현한다는 점에 있습니다.

이어서 수학을 전개하는 사고 방법인 추론의 개념을 살펴봅니다.

과학 탐구에서 다양한 현상으로부터 지식을 도출하려면 논리적 추론이 중요한데, 이 추론 과정에서 수학적 사고 방법이 드러납니다.

한편 복잡한 과학적 현상에서 나타나는 변화와 관계를 엄밀하게 기술하거나, 자연에서 수집한 자료를 정량적으로 분석하고 계량화하는 데 수학이 큰 역할을 합니다. 이에 수학의 또 다른 분야인 함수나 집합을 소개하고, 확률과 통계적 추측을 설명합니다.

컴퓨터·정보과학도 크게 볼 때 수학의 한 분야입니다. 전통적인 수학이 해답을 구하는 공식을 찾는 것이라면, 컴퓨터·정보과학은 그 해답을 더욱 효과적으로 구하는 방법을 탐구하는 것이라는 말도 있습니다. 이 분야는 현재로서는 설명하기 어려운 복잡한 현상을 수학적으로 엄밀하게 하는 데 기여할 것입니다.

수학의 핵심은 생각하는 힘을 기르는 것입니다. 문제해결 능력과 추론 능력이 더욱 필요해지는 미래 사회에 수학은 이러한 능력을 가장 효과적으로 배울 수 있게 해줍니다.

수란 무엇인가

수와 양은 어떻게 수학의 기초가 되었을까

자연수는 '하나' '둘' '셋'과 같이 사물의 양을 헤아리거나 '첫째' '둘째' '셋째'와 같이 순서를 나타낼 때 사용됩니다. 이렇게 볼 때 자연수는 모든 것의 기본이라 할 수 있겠습니다. 역사적으로 수는 독립적인 개념으로 사용하기보다 '나무 한 그루' '돼지 한 마리' '집 한 채' 등과 같이 사물의 단위가 정해지면, 그 크기와 양을 알려주는 수량으로 널리 사용하였고, 모든 도량형의 기초가 되었습니다. 현대 수학은 매우 추상화되어 있지만, 인류 초기의 수학은 헤아리고, 관찰하고, 측량하는 것이 큰 비중을 차지하였습니다. 우리가 '기하'라고 부르는 학문이 처음 의미했던 것도 땅 측량geo-metry이었고, 오늘날 자연과학이나 역학 또는 공학이라 부르는 많은 것들이 과거에는 수학에 속하였으며, 고대에는 천문학이나 음악도 수학의 한 부분이었다고 할 수 있습니다.

이러한 현상은 수학이 급진적으로 발전하고 자연과학이 성장하기 시작한 17세기까지 계속되었습니다. 저명한 수학자인 오일러L. Euler는 18세기에 『대수학 원론Elements of Algebra』에서 "수학은 양quantity의 과학이다."라고까지 말하기도 하였습니다. 그러나 시간이 지나면서 수학은 질quality을 함께 다루고, 크기나 양에 못지않게 관계나 패턴을 주요하게 여기는 등 매우 추상화하며 발전하였습니다.

현대 수학이 추상적인 것들을 다루기는 하지만 구체적인 것을 알지 못하면 그 추상은 헛된 것이 됩니다. 그렇기 때문에 초·중학교 교육과정에서는 여러 가지 것들을 측정하고 기록하는 구체적이고 조작적인 활동을 강조합니다. 이러한 활동을 통해 측정값과 오차에 대하여 생각하고 평균값을 이해할 수 있습니다. 또한 지렛대 원리 등의 사례를 통하여 '동질의 두 수량을 비교하여 얻은 비율'은 단위가 없는 순수한 수임을 이해할 수 있습니다. 이와 같이 과거에 인류가 고민하면서 생각하였던 수학적 개념들이 어떻게 진화하여 현대적으로 발전하였는지는 구체적인 사례와 경험을 통하여 설명할 수 있습니다.

수의 이름과 표현은 어떻게 생겨났을까

'하나' '둘' '셋' 이후에도 수는 한없이 계속됩니다. 이 수들에 이름을 짓고, 글로 나타내는 것이 인류 문명의 초기에는 매우 어려운 일이었습니다. 고대인들은 돌멩이나 끈 또는 몸의 일부분을 사용하여 수를 나타내기도 하였습니다. 고대 중국에서 사용하던 숫자나, 고대 로

마에서 사용하던 숫자 등을 보면 이들 문명에서는 새로운 수를 나타내기 위해서 새로운 이름과 기호를 도입하였음을 알 수 있습니다.

고대 중국의 숫자: 一 二 三 四 五 六 七 八 九 十 百 千 萬 億
고대 로마의 숫자: I II III IV V VI VII VIII IX X L C D M

그러나 이러한 발상은 현대적인 관점에서는 모두 불완전한 표기법들이었습니다. 각 자리를 나타내는 이름이나 기호를 일일이 암기하여야 했으며, 특히 이들의 수 체계에는 숫자 '0'을 나타내는 기호가 없었습니다.

한편 한글에서는 수의 이름이 잘 발달되어 있지 않아, 중국식 숫자의 이름을 사용해오고 있습니다만, '하나' '둘' '셋'과 같은 고유한 수 세기의 언어도 있습니다. 이에 숫자를 배울 때 '1'을 '일'로 읽지 않고 '하나'라고 읽게 하거나, '하나'라고 써야 할 곳에 '1'로 쓰게 하면 언어에 혼란이 일어날 수도 있습니다. 수를 가르치거나 배울 때에는 주어진 숫자를 기계적으로 암기하고 수동적으로 받아들이기보다는, 수를 나타내는 상징을 만들고, 수의 이름을 지었던 인류의 역사적·문화적 사례들을 파악하면서 그 표현 방식을 이해하게 해야 합니다. 그럼으로써 십진법이 수를 표현하는 유일한 수단이라는 편견에서 벗어나, 수학이 그 자체로 인류 문화의 중요한 산물임을 깨닫게 할 수 있을 것입니다.

우리가 평소에 사용하는 십진법과 달리, 이진법과 같은 다른 진법들은 정보과학기술을 이해하는 데 필요한 개념입니다. 땅과 하늘과 별을 관

측하던 기하학자들은 일 년의 날수에 따라 온각을 360도라 하였습니다. 또한 정삼각형의 한 내각의 크기는 60도, 1도를 60등분한 것을 1분, 1분을 60등분한 것을 1초라고 하였습니다. 이와 같은 육십진법은 십진법과 십이진법의 공통진법인데, 동양에서는 10간 12지를 사용한 육십갑자가 날수와 햇수의 이름으로 오랫동안 사용되었습니다. 이러한 역사를 지닌 60진법은 오늘날 시간을 나타낼 때에도 그대로 사용하고 있습니다.

수의 연산에는 무엇이 있을까

동질의 양은 더하여 증가시킬 수도 있고, 뺌으로써 감소시킬 수도 있습니다. 이는 수의 가장 기본적인 연산인 덧셈과 뺄셈을 설명합니다. 한편 여러 사람이 행과 열을 이루며 직사각형 형태로 정렬하여 서 있을 때 모두 몇 명인가를 알려면, 단순히 덧셈을 해서 얻는 것보다 곱셈을 하는 것이 훨씬 편리합니다. 또한 여러 명이 어떤 것을 나누어 가지기 위해서는 나눗셈이 필요하고, 분수와 같은 표현법도 필요합니다. 덧셈, 뺄셈, 곱셈과 달리 나눗셈의 기호로는 ÷와 /를 모두 사용할 수 있습니다. 또한 등호(=), 즉 같음이라는 개념은 수학의 모든 서술 중에 으뜸입니다.

수의 연산에는 더하기·빼기·곱하기·나누기와 같은 가감승제가 대표적이지만, 두 수의 대소를 비교하는 순서 개념도 있습니다. 이때 이상(≥), 이하(≤), 초과(>), 미만(<) 등의 용어가 도입됩니다.

그런데 수에는 자연수뿐만 아니라 영과 음수를 포함하는 정수가 있고, 나아가 유리수와 무리수가 있습니다. 무리수란 합리적이 아닌 수라는 뜻에서 유래한 것으로, 두 양의 비를 자연수의 비로 나타낼 수 없는 수입니다. 따라서 이를 배울 때에는 정사각형의 한 변의 길이와 대각선의 길이와 같이 서로 비교 가능하지 않은 양, 즉 공측성이 없는 양incommensurables에 대하여 파악할 필요가 있습니다.

우리는 수학 교육을 통해 구체적인 수를 인도-아라비아 숫자로 표현하고 계산하는 것을 배우지만, 한층 더 높은 수준에서 문자를 사용하여 변수나 미지수로 대상을 표현하는 것과 이들 간의 연산을 배우기도 합니다. 즉, '1+2=2+1' 등을 대신하여 'x+y=y+x' 등으로 나타낼 수 있습니다. 이러한 변수를 통해 우리는 자연법칙을 표현하는 언어의 필요성과 유용성을 파악할 수 있을 뿐만 아니라 수학의 추상성에로 한 걸음 더 나아갈 수 있습니다.

수의 체계는 어떻게 이루어졌을까

수에는 자연수, 정수, 유리수, 실수, 복소수, 사원수, 팔원수 등 여러 가지 종류가 있습니다. 방정식의 풀이는 수를 확장하게 만든 원인이기도 합니다. 예를 들어 1차 방정식의 일반적인 해법을 구할 때, 제곱하면 음수가 나오는 수를 가정하면 편리하다는 것을 알게 된 이후로, 그 상상의 수를 허수라고 부릅니다. 이러한 허수와 실수를 합쳐 복소수라고 합니다.

실수 중에는 고전적으로 자와 컴퍼스를 사용하여 나타낼 수 있는 작도가능수와 정사각형 종이를 접어서 얻을 수 있는 종이접기 수 그리고 정수계수 다항식의 근으로 표현되는 대수적 수가 있고, 더 나아가 현대적인 알고리즘을 통하여 얻을 수 있는 계산가능수가 있습니다. 계산가능성의 개념은 현대논리학과 컴퓨터 및 정보이론의 발전에 큰 역할을 하였습니다. 이 외에도 수학은 필요에 따라 수 체계를 제한하거나 확장시켜 사용함으로써 새로운 영역을 개척해왔습니다.

한편 일 년 후의 오늘 날짜는 무슨 요일인지, 사백 년 후의 오늘 날짜는 무슨 요일인지 등을 계산할 수 있는 법산modular arithmetic의 개념 또한 이산 수학에서 유용하게 사용됩니다. 이에 따르면 달력에서 15일은 1일과 같은 요일입니다. 이를 법산에서는 7을 법modulo으로 하여 '$15 \equiv 1 \pmod{7}$'로 나타냅니다.

도형이란 무엇인가

평면도형과 입체도형을 어떻게 이해할까

수학에는 사물의 모습과 대칭을 이해할 수 있게 하는 측면이 있습니다. 이러한 측면을 숙달하는 것은 직관을 키우고 추상적 사고를 함양하기 위한 기본적인 훈련입니다. '직관'과 '추론'은 수학적 훈련으로 얻어지는 큰 부분인데, 이때 그림 그리기(아날로그적인 연속적 표현)와 글쓰기(디지털적인 이산적 표현)가 큰 도움을 줍니다.

평면도형을 배울 때는 먼저 줄긋기를 연습합니다. 주어진 용지에 정해진 개수의 줄을 가로와 세로로 그어 모눈종이와 같은 모양을 만드는 연습을 합니다. 이를 기초로 하여 좌표를 정하고, 각 점에 주소를 부여하는 법을 알게 됩니다. 이런 훈련은 데이터베이스 파일을 다루거나 각종 정책이나 사회 제도를 수립할 때, 또는 기계를 만들거나 컴퓨터 프로그램을 짤 때에도 활용됩니다. 또 모눈종이에

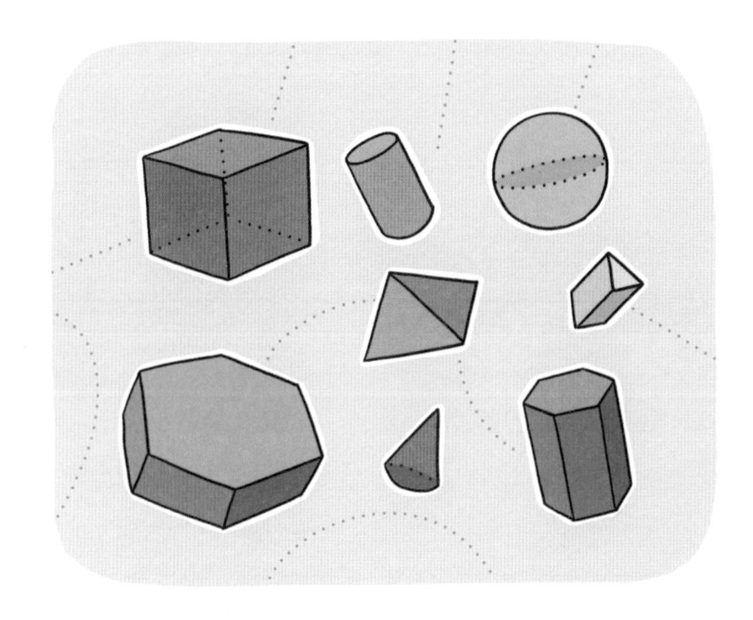

연필로 원을 정교하게 그리는 활동을 통해, 원이 모눈의 어떤 특별한 점들을 지나는지 살펴볼 수 있고, 직각삼각형에 대한 피타고라스의 정리도 확인할 수 있습니다.

또한 종이를 이용하여 각종 도형을 접어보고, 이를 이용하여 평면에 사방연속무늬를 만들어보면서 점대칭, 선대칭, 회전대칭 등 각종 평면대칭을 이해할 수 있습니다. 이는 수학자들이 거의 이백 년 동안 개발한 대칭군에 대한 개념과 관련됩니다. 대칭군은 자연을 설명하는 가장 기본적인 개념으로, 도형을 통해 친숙해질 수 있습니다. 또 나선을 비롯하여 식물이나 동물들이 가진 여러 대칭을 이해할 필요가 있습니다. 이러한 개념은 타원, 포물선, 쌍곡선 등과 같은 이차곡선의 이해로 연결됩니다.

우리가 살고 있는 세상은 2차원 평면이 아닌 3차원 입체로 이루어져 있습니다. 따라서 평면도형과 함께 공이나 타원체, 각기둥과 각뿔, 정다면체 등과 같은 입체도형에 대한 이해와 공간 인지 능력이 필요합니다. 각 입체도형의 성질을 이해하고, 여러 가지 방향에서 이들을 바라보았을 때의 모양을 올바르게 추론할 수 있어야 합니다. 또 이들 입체도형의 겉넓이와 부피를 구하는 방법도 파악할 필요가 있습니다.

도형과 계량은 어떤 관계일까

앞서 잠깐 언급했듯 기하학은 땅의 측량 과정에서 발전하였습니다. 땅의 측량은 평면도형의 넓이나 둘레의 길이를 구하는 법과 밀접하게 관련되며, 이는 입체도형의 부피와 겉넓이를 구하는 것으로 확장됩니다. 이를 통해 둘레의 길이가 일정한 사각형 중에는 정사각형이 가장 넓이가 넓다는 것을 알고, 나아가 겉넓이가 일정한 원기둥 중에서 가장 부피가 큰 것이 어떤 모양인지를 파악할 수 있습니다.

삼각형의 무게중심을 이해하면 여러 도형의 무게중심을 이해하고 구할 수 있습니다. 또한 삼각법을 활용하면 멀리 있는 두 지점 사이의 거리나 건물의 높이 등을 구할 수 있습니다. 나아가 넓이나 부피 등의 계량이 가지는 더함에 관한 기본 성질을 이해하고, 닮은 도형에서 닮음비에 따라 넓이 또는 부피의 비가 달라지는 성질을 이해할 수 있습니다.

좌표계에서는 평면이나 공간에 좌표를 도입하는 법을 다룹니다. 이때 직선이나 원 등 도형을 표현하는 식을 파악하고, 역으로 식이 나타내는 도형을 이해합니다. 이것은 논증기하학적으로 해결이 어렵거나 불가능했던 것들을 해결해주고 발전적으로 사고하게 합니다. 구면기하학에서는 구면에서 대원great circle*을 알고, 최단거리가 대원호라는 점을 다룹니다. 우리가 살고 있는 지구는 정육면체 모양이 아닌 구 모양이므로 구를 다루는 구면기하학은 실제 우리 생활 곳곳에서 유용하게 사용할 수 있습니다.

---

* 대원은 구면과 그 구면의 중심을 지나는 평면의 공통 부분을 말합니다.

수학적 사고 방법으로서의 추론

정의와 명제, 정리, 증명 그리고 추론이란 무엇일까

어떤 용어의 뜻을 밝혀 규정하는 것을 정의定義, definition라고 합니다. 또한 뜻이 분명한 용어를 사용하여 만든 문장 중에서 옳고 그름을 판정할 수 있는 것을 명제라고 합니다. 명제는 부정하거나 연결하여 새로운 명제들을 만들 수 있습니다. 두 명제 p와 q를 연결하는 명제 연산으로는 '이고(and, $p \wedge q$)' '이거나(or, $p \vee q$)' '이면(if then, $p \to q$)' 등이 대표적입니다.

$p \wedge q$	p이고(and) q이다.
$p \vee q$	p이거나(or) q이다.
$p \to q$	p이면(if then) q이다.

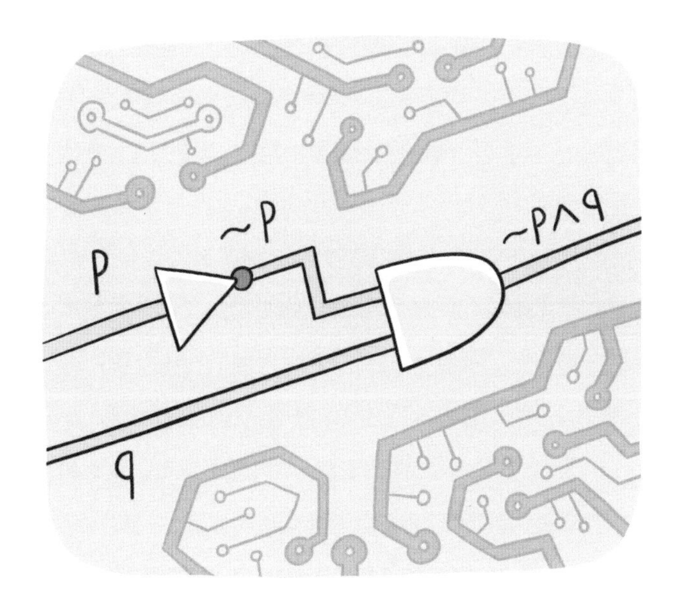

이때 진리표*는 논리기호의 뜻과 특성을 알고, 논리기호로 연결된 명제의 참과 거짓을 판별하는 데에 도움이 됩니다. 이때 '이면(→)'이 뜻하는 것은 인과율과는 다릅니다. 이런 표현 등은 전기회로를 구성할 때에도 사용됩니다.

모든 이론에는 명제들이 있는데, 이 중에서 참인 명제들과 정의를 이용하여 새로운 참인 명제, 즉 정리定理, theorem를 이끌어내는 추론법이 있습니다. 이때 어떤 명제가 참인지 추론을 통하여 밝히는 과정을 '증명'이라고 합니다. 추론에 사용되는 규칙에는 다음과 같은 것이 있습니다.

* 진리표는 명제의 참과 거짓을 따져 그것이 포함된 논리식의 진리값을 확인할 수 있도록 배열한 표입니다.

p와 q가 명제일 때, p와 $(p \rightarrow q)$에서 q를 추론할 수 있다.

증명법에는 간접증명법인 귀류법이 있고, 자연수의 기본 성질을 이용하는 증명법인 수학적 귀납법이 있습니다. 수학적 귀납법은 알고리즘이나 정보과학에서도 필수적으로 이용됩니다.

증명은 그 결과가 아니라, 과정을 이해하는 것이 교육적으로 더 중요한 가치를 지닙니다. 따라서 '다음 명제를 증명하라.'라고 하는 것보다 '다음 명제가 옳은지 그른지 판정하고, 그 까닭을 밝혀라.'라고 하는 것이 더 좋습니다. 참·거짓이 주어지고 그것을 밝히는 것은 사고를 한 방향으로 이끌뿐이지만, 참·거짓을 추측하고, 자신의 추측을 정당화하는 것은 다방면으로 사고하게 할 수 있습니다. 이러한 증명과 추론의 과정을 통해 수학적 사고를 함양할 수 있습니다.

한편 증명이란 객관적이고 논리적이어야 하며, 나아가 아름다워야 합니다. 증명을 통해 수학이나 논리에 지극한 예술성이 내재되어 있음을 이해하고 음미할 수 있습니다.

변화와 관계는 수학으로 어떻게 나타낼까?

함수란 무엇일까

함수란 정의역의 원소마다 공역의 원소를 오직 하나만 대응시키는 관계의 일종입니다. 함수는 식으로 표현하거나, 표 또는 그래프로 나타낼 수 있습니다. 정의역이나 공역 등은 모두 집합이므로, 함수를 파악하는 데 현대적인 집합 개념의 간단한 내용을 이해하는 것이 필요합니다. 수학자 칸토어G. Cantor의 유명한 정의에 따르면, 집합이란 '우리의 직관이나 상상을 통하여 분명히 인식할 수 있는 대상들을 모은 것을 하나의 실체로 본 것'입니다.

집합을 수학에서 명백하게 다루게 된 것은 비교적 현대에 이르러서인데, 19세기 말부터 20세기 초에 걸쳐 집합론에서 여러 가지 의문점들이 발견되었고, 이를 해결하는 과정에서 디지털 혁명이 일어났습니다.

과거에는 함수의 정의역의 원소를 독립변수, 공역의 원소를 종속 변수라고 부르기도 하였습니다. 함수에서 독립변수가 의미하는 것은 상황에 따라 다양합니다. 예를 들어 독립변수가 시각을 나타낼 때 함수는 공역의 원소가 시각에 따라 변하는 것을 서술합니다. 이때 공역이 벡터공간 또는 아핀공간affine space*이면 속도나 가속도, 평균변화율 등을 서술합니다.

함수 중에 가장 대표적인 것은 항등함수입니다. 또 정비례 또는 반비례로 표현되는 함수들은 매우 기본적인 것으로, 그 그래프는 직선 또는 쌍곡선으로 나타납니다. 수열도 일종의 함수입니다. 수열에는 이웃한 항의 차가 일정한 등차수열과 이웃한 항의 비가 일정한 등비수열이 있습니다. 또 다항함수와 지수함수도 함수의 일종입니다. 특히 지수함수는 온도의 변화를 비롯하여 동식물의 번식이나 방사능 붕괴 등을 설명하며, 정규분포 곡선을 표현하기도 합니다. 삼각함수, 즉 원circle 함수는 전통적으로 땅을 측정하는 삼각측량과 천문에 사용되었습니다. 사인sine, 코사인cosine 등의 삼각함수는 주기함수로, 음의 높낮이나 전류를 측정하거나 이해하는 데 사용됩니다.

함수의 합성, 일대일 함수, 역함수 그리고 제곱근 함수 등과 같은 대수적 함수와 로그함수도 빼놓을 수 없습니다. 이 중 로그함수에서 가장 중요한 성질은 '두 변수의 곱의 로그값은 각 로그값의 합'이라는 것입니다. 이로부터 변수를 거듭제곱하면, 로그값은 거듭배가 됨을 알 수 있습니다.

---

* 아핀공간은 공간에서 길이나 각도 등 계량적 개념을 버리고, 선형적인 구조만을 생각하는 공간을 의미합니다.

$$\log_a XY = \log_a X + \log_a Y$$

$$\log_a X^2 = 2\log_a X$$

(단, $a, X, Y > 0$이고, $a \neq 1$이다.)

로그함수는 밑에 따라 다양하게 있지만, 그중 대표적인 것은 상용로그와 자연로그 그리고 2를 밑으로 하는 이진로그입니다. 로그는 20세기 후반에 전자식 계산기가 나오기 전까지 가장 중요한 계산기였습니다. 로그함수는 감각의 느낌을 표현하고, 지진의 강도, 식품의 산성 · 알칼리성, 빛이나 별의 밝기, 소리의 세기, 음의 높낮이 등을 측정하거나 나타내는 데 활용합니다. 또 엔트로피나 정보량을 설명하는 데에도 활용합니다.

미분법과 적분법은 어떻게 활용할 수 있을까

미분법과 적분법은 극한과 연속함수*의 개념을 토대로 합니다. 미분법은 최대 · 최소 문제뿐만 아니라 그래프의 개형을 그리고, 어림값을 구하는 데에도 활용할 수 있습니다. 속도나 가속도 등의 순간적인 변화량도 미분법으로 설명할 수 있습니다. 적분법을 사용하면 여러 가지 도형의 넓이나 각뿔, 구 등의 부피를 구할 수 있습니다. 더 나아가 적분법을 활용하면 각종 도형의 기하중심 또는 질량중심을 알 수 있습니다. 그 외에 정규분포에서 표준편차나 확률을 이해하는 데에도 쓰입니다.

* 연속함수는 정의역의 모든 점에서 연속인 함수입니다.

수학은 어떻게
자료의 신뢰성을 높일까?

수학은 자료를 어떻게 분석할까

다양한 자료를 수집하고 이를 정리·분석하는 일은 과거나 현재의 상태를 알아보는 데 도움을 주고, 앞날을 예측하고 설계하는 데에도 매우 중요한 역할을 합니다. 예를 들어 인구가 얼마나 증가하고 감소하는지 아는 것은 미래를 구상하는 데 도움이 됩니다. 도수분포표나 히스토그램 등은 자료의 정리에 도움을 줍니다. 이러한 자료에서 얻는 대푯값에는 평균값, 최빈값, 중앙값, 사분위수 등이 있습니다. 자료의 분산이나 표준편차는 자료의 분포 정도를 알려주고, 상관관계는 두 자료의 관련 정도를 나타냅니다. 정규분포는 세상의 수많은 현상들이 따르는 확률분포라는 점에서 여러 가지 통계적 처리의 기준이 됩니다.

확률과 통계적 추측이란 무엇일까

경우의 수와 확률에서는 주어진 상황에서 일어날 가능성이 있는 사건들의 전체집합 또는 표본공간을 이해하고, 특정한 사건이 일어날 정도를 생각합니다. 순열이나 조합 등은 경우의 수 또는 다항식의 전개와 같은 수학뿐만 아니라, 생물의 염기서열이나 유전자 또는 돌연변이를 이해하는 데도 활용됩니다.

통계 조사 방법은 크게 두 가지로 나눌 수 있습니다. **하나는 조사 대상 전체, 즉 모집단을 조사하는 전수조사이고, 다른 하나는 모집단의 일부, 즉 표본을 조사하여 전체를 추측하는 표본조사입니다.** 어떤 사안이든 모집단 모두를 대상으로 조사하면 좋겠지만, 시간과 인력 등의 한계 때문에 표본을 조사하고 이를 바탕으로 전체를 추측하는 경우가 많습니다.

좋은 표본을 얻으려면 특정 집단에서 추출하는 것보다 임의추출

하는 것이 좋습니다. 모집단의 평균과 표준편차는 모평균, 모표준편차라 하고, 표본의 평균과 표준편차는 표본평균, 표본표준편차라 합니다. 표본평균과 표본표준편차와 같은 표본의 자료는 모집단의 자료와 일치하는 것이 아니므로, 이를 바탕으로 모평균을 추정하기 위해 적절한 신뢰도를 가진 신뢰구간을 사용합니다.

통계자료를 해석할 때에는 성급하게 원인과 결과를 판단하지 않도록 하고, 통계 이면에 숨겨진 실제 원리를 파악할 필요가 있습니다. 이로써 통계자료 해석 시 오류나 왜곡이 발생하지 않도록 방지할 수 있습니다. 이를테면 모집단과 표본의 크기는 어느 정도이고 어떤 방법으로 추출하고 조사하였으며 어느 정도 신뢰도의 신뢰구간을 사용하였는지 등에 유의하여 살펴야 하고, 관련된 다른 자료도 함께 보는 것이 좋습니다. 앞으로는 전수조사를 할 수 있는 환경이 더욱 발전될 것이므로, 확률과 통계 이론뿐만 아니라 정수나 논리연산과 같이 서로 구분되는 값을 가지는 대상을 다루는 이산 수학이 기계학습machine learning에 많이 활용될 것입니다.

수학은 어떻게 정보 이해 능력을 높일까?

이진법은 어떻게 활용할까

문자와 소리를 비롯하여 그림, 색, 모양 그리고 생물의 유전자 등을 표현하는 법은 다양하지만 이들은 모두 두 가지 기호, 즉 0과 1의 수열로 나타낼 수 있습니다. 예를 들어 한글이나 로마자 등에서 자모를 차례로 배열하여 대응하는 수를 정하면, 마치 휴대 전화로 문자를 보내는 것처럼 원하는 글을 다 쓸 수 있습니다. 그림 또한 점이나 색으로 구분하고, 이를 0과 1로 나타낼 수 있습니다.

이진법은 전기회로 설계에 적합하지만 이진법 외에 다른 진법을 사용할 수도 있습니다. 미래 세대에는 아미노산이나 코돈, 전기의 역할을 더 잘 이해한 것을 바탕으로 삼진법이나 사진법 등 다른 진법의 유용성에 관한 획기적인 발견을 할 수도 있을 것입니다.

로그함수는 어떻게 활용할까

정보이론Information Theory의 아버지라고도 불리는 섀넌C. Shannon은 20세기 중반에 확률과 로그함수를 도입하여 정보의 크기(정보도, 엔트로피)를 재는 획기적인 방법을 표현하였습니다. 그는 1비트bit, binary digit라는 용어를 도입하여 오늘날 통신의 발전에 혁명을 가져왔습니다. 섀넌은 밑이 2인 로그함수를 사용하였는데, 예를 들어 책상 위에 놓인 동전 하나를 보고 앞면이 나와 있음을 아는 것은 1비트의 정보를 얻은 것이고, DNA의 유전정보를 64가지 코돈으로 표시하거나 주역의 64괘를 표시하는 것은 6비트의 정보를 얻은 것입니다. 이와 같이 현대 사회에서는 전통적인 상용로그나 자연로그 외에 이진로그 역시 유용하게 사용되고 있습니다.

법산과 그래프는 어떻게 활용할까

자연수 또는 정수의 연산에서 법산의 개념은 매우 유용합니다. 예를 들어 십진법으로 표현된 자연수를 9로 나눈 나머지는 각 자리의 수를 모두 더한 것의 나머지와 같습니다. 이런 법산은 곱셈에도 그대로 적용됩니다. 법산은 신용카드나 주민등록번호 외에도 서적이나 물품분류번호 등에 널리 활용됩니다.

법산과 마찬가지로 이산 수학의 한 분야인 조합론에서 그래프라고 부르는 것은 오늘날 인터넷과 네트워크 그리고 빅데이터를 이해하는 데 바탕이 되는 개념으로, 18세기 오일러L. Euler가 해결한 한붓그리기 문제 이후 수학의 중요한 분야가 되었습니다. 이를 통해 오일러 회로, 해밀턴 회로, 판매원 문제 등을 이해할 수 있습니다. 더 나아가 구글

google에서 사용하는 페이지 알고리즘도 이해할 수 있습니다. 빅데이터 시대에는 그래프의 위상적 성질을 이해하는 것도 도움이 됩니다. 그래프에서 노드 사이의 거리에 따라 연결성분이 어떻게 변하는지 등을 통해 그래프의 위상적 구조를 파악할 수 있습니다. 이는 인간 또는 생물의 뇌 활동을 분석하는 데 사용되기도 합니다.

알고리즘과 순서도는 어떻게 활용할까

알고리즘과 순서도는 작업의 체계와 절차를 보기 좋게 나타내는 도구로, 인공지능의 발전과 더불어 새롭게 조명받고 있습니다. 유클리드 호제법이나 주어진 자료를 차례대로 정렬하는 법을 포함하여 엘리베이터를 한 대 또는 여러 대 운행할 때의 순서도, 보행자와 차량이 다니는 건널목에서의 교통 신호등 제어 방법 등의 경우를 다양한 알고리즘과 순서도로 나타낼 수 있습니다. 잘 기획된 알고리즘은 기업이나 산업 현장에서 좋은 물건을 만드는 데뿐만 아니라, 정부나 법원 그리고 국회 등에서 각종 정책 및 사업 등을 구상하거나 국제적인 외교에 실수를 방지하는 데에도 활용할 수 있습니다.

컴퓨팅 사고력은 왜 중요할까

컴퓨터·정보 소양, 즉 'CILComputer and Information Literacy'은 미래 지식·정보 사회를 살아가는 데 필수적인 역량 중 하나로 최근 각광받고 있습니다. 미국이나 영국의 경우 일찍부터 컴퓨터·정보 교육을 교육과정에 도입하여 컴퓨터·정보 소양을 적극 교육해왔습니다. 우리나라를 포함한 세계 여러 나라에서도 컴퓨터·정보 소양과 관

련된 역량을 향상시키기 위해 다양한 교육과 연구를 진행하고 있습니다.

또한 국제교육성취도평가협회IEA에서는 국제 컴퓨터·정보 소양 연구, 즉 'ICILSInternational Computer and Information Literacy Study'를 수행하고 있습니다. ICILS에서 측정하는 컴퓨터·정보 소양CIL은 '컴퓨터를 사용하여 자료를 조사·생성·소통하고 문제를 해결하는 능력'으로 정의됩니다. 이는 컴퓨팅 사고력의 특성이라 할 수 있는 문제해결력을 포함하고 있습니다.

이렇듯 오늘날 전 세계적으로 컴퓨터·정보 소양의 구성 영역으로 컴퓨팅 사고력Computational Thinking의 중요성이 점차 강조되고 있습니다. ICILS에서도 2018년부터 평가 내용에 컴퓨팅 사고력을 포함하였는데, 컴퓨팅 사고력의 정의 및 하위 요소는 국가나 연구자

마다 다르게 제시하고 있어 통일되어 있지 않습니다. ICILS에 따르면, 컴퓨팅 사고력은 '컴퓨터를 이용하여 프로그래밍하거나 그 밖의 디지털 기기를 위한 응용프로그램을 개발할 때 사용하는 사고방식'이라고 정의됩니다. 컴퓨팅 사고력은 추론 전략을 기초로 하며, 문제를 효과적으로 해결하기 위해 문제를 형식화하고, 표현하고, 분석하는 활동을 포함합니다. 이에 따라 컴퓨팅 사고력은 '문제의 개념화'와 '해결방안의 조작Operationalizing solutions'이라는 2개의 영역으로 구성됩니다. 문제의 개념화는 해결방안을 개발하기 이전에 문제가 무엇인지를 이해하고 문제해결 과정을 돕는 알고리즘이나 시스템을 파악하는 것입니다. 해결방안의 조작은 실제 문제에 대한 해결방안의 계획과 평가, 문제해결에 필요한 단계와 규칙을 체계적으로 나타낸 알고리즘의 개발 및 수행 그리고 알고리즘 자동화 과정을 포함합니다.

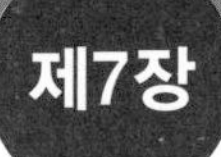

과학과 사회

◇

어떤 과학이건
언젠가는 사회에 유용합니다.
문제는 언제 어디에
유용한지 모른다는 것입니다.

◇

물리학자 롤프-디터 호이어
Rolf-Dieter Heuer
1948~

과학이 발달하기 전이나 후에도 인간과 사회에 대한 탐구는 계속 되었습니다. 과학보다 오랜 역사를 지닌 인문학은 인간이 만들어낸 산물인 철학과 예술 그리고 문학을 통해 인간과 사회를 이해하고 지식을 쌓아왔습니다. 한편 근대가 되면서 탄생한 사회과학은 자연 과학의 방법론과 인문학의 방법론을 적절히 사용하며 정치, 경제, 문화 등 다양한 분야에서 빠르게 발전하였습니다.

오늘날에는 새로운 과학 이론이 전통적인 인문·사회과학의 주제나 탐구 대상에 접목되어 융합적인 학문을 탄생시킴으로써 기존의 지식을 크게 바꾸어 놓는 현상이 종종 일어나기도 합니다. 특히 인지나 정보에 관한 과학적 탐구가 그 핵심에 놓여 있습니다.

'호모 사피엔스Homo Sapiens'라는 말이 나타내는 바와 같이 인간은 스스로를 '생각하는 존재'로 간주하고, 높은 지능을 인간만의 특징으로 보았습니다. 하지만 인공지능의 발달은 인간의 영역을 얼마나 기계에 내어주어야 하는지, 근본적으로 인간만의 고유한 능력은 무엇인지에 대해 새로운 문제를 제기하고 있습니다.

또한 정보과학과 정보처리기술의 발달은 기존 사회과학에서 사람이 다룰 수 없던 큰 규모의 데이터를 처리하게 해줌으로써 사회현상에 대한 새로운 접근을 가능하게 하고 있습니다.

이 장에서는 과학과 기술의 발달로 획기적인 변화를 맞고 있는 우리 사회를 조망하고 과학기술의 발전이 인간과 사회에 대한 탐구에서 갖는 의의를 살펴봅니다.

생각한다는 것

생각은 인간만의 능력일까

인간은 호모 사피엔스라는 명칭에서 드러나듯이 전통적으로 생각하는 능력을 통해 다른 존재와 구별되어왔습니다. 그래서 '인간 외의 동물이 인간의 생각하는 능력을 얼마만큼 따라올 수 있는가?'와 같이 질문하는 것은 자연스러운 일이었고, 이에 대한 연구가 자주 이루어질 수밖에 없었습니다.

인간이 특히 중요하게 생각하는 지적 능력으로 언어의 활용을 꼽을 수 있습니다. 고대 그리스인들은 그리스어를 알아듣지 못하는 부족을 바르바로이Barbaroe, 즉 야만인이라고 부를 정도였습니다. 현대에 들어와 주로 영장류나 돌고래를 대상으로 그들이 과연 인간처럼 언어를 배우고 쓸 수 있는지에 관한 실험이 행해졌습니다.

침팬지 와쇼는 1970년대 미국의 수화 언어를 최초로 배운 인간

외의 영장류입니다. 와쇼는 약 350개의 단어를 알고 그 단어들을 합성해서 새로운 의미를 만들어내고 결합의 순서를 바꾸어 새로운 뜻을 전달하는 등 기대 이상의 능력을 보여주었습니다. 이후 한동안 영장류를 대상으로 언어 실험이 활성화되어 고릴라 코코나 보노보 칸지 등 여러 영장류를 대상으로 실험이 이루어졌지만, 결국 인간처럼 복잡하고 창조적인 문법을 이해하고 사용할 수 있는 동물은 없는 것으로 결론이 나고 있습니다.

많은 동물들이 어린아이 수준의 지능을 보여주지만, 복잡한 상황을 인지하거나 다양한 감정을 느끼지는 못하는 것으로 보입니다. 또 몇 가지 추상적인 개념을 이해하기는 하지만, 그것을 인간처럼 자유롭게 이해하고 사용하는 일도 요원할 뿐입니다. 자연에는 인간처럼 느끼고 생각하는 존재는 없으리라고 말할 수 있을 것입니다.

생각하는 인공적인 존재를 만들 수 있을까

영국의 수학자 튜링A. Turing은 1940년대에 '인간을 흉내낸다'는 것의 의미를 고민했습니다. 튜링은 "만일 기계가 인간처럼 생각한다면 우리가 그 기계를 사람과 구별할 수 있는 방법이 있을까?"와 같은 의문에서 출발하여 튜링 테스트라는 것을 제안했습니다.

튜링 테스트는 상대가 보이지 않는 상황에서 음성을 사용하지 않고 문자를 통해서 대화를 주고받을 때, 그 상대방이 사람인지 기계인지 구별할 수 없다면 그 기계는 생각하는 것으로 볼 수 있다는 제안입니다.

놀랍게도 튜링 테스트를 통과하는 컴퓨터는 매우 쉽게 만들어졌

습니다. 이미 수십 년 전에 단순한 알고리즘만으로 상대방의 특정한 단어나 마지막 단어에 정해진 반응을 보이도록 하는 프로그램을 만들었는데, 실험에 참여했던 사람들이 몇 분 동안 대화를 해본 뒤, 그 컴퓨터를 사람으로 착각한 것입니다.

튜링 테스트가 시사하는 바와 같이 어떤 측면에서는 '인간만이 생각하는 존재'라고 말하기는 어렵게 되었습니다. 하지만 튜링 테스트 이후 컴퓨터를 통해 사람의 어떤 사고 능력을 모방하려고 하는 것인지를 결정하고, 그렇게 제한된 맥락 안에서 인공지능을 개발하려는 연구 방향이 정립되었습니다.

전문가들의 판단을 보조하거나 대신하는 전문가 시스템이 인공지능 연구의 전형적인 예입니다. 법률이나 의학 등 많은 정보를 저장한 상태에서 정확하게 필요한 정보를 검색하고 판단을 내리는 전문가 시스템이 개발되고 있고, 실제 현장에도 도입되고 있습니다. 언어와 관련해서는 인간과 똑같이 언어를 사용할 줄 아는 기계보다는, 주로 번역 기계가 개발되고 있습니다. 특히 문학이나 유행어 같은 창조적인 언어가 아니라 일상적인 언어를 중심으로 번역이 가능해지고 있습니다.

이러한 인공지능은 예전에는 상상도 할 수 없을 정도의 정보처리 능력을 바탕으로 대량의 정보를 활용하는 빅데이터를 비롯하여 실행 결과를 피드백하여 프로그램(알고리즘)을 수정함으로써 더 나은 실행을 하도록 발전하는 딥러닝deep learning 등 새로운 기술 발달을 통해서 매우 높은 수준에 이르고 있습니다.

컴퓨터가 인간의 마음도 이해할 수 있을까

컴퓨터란, 기술공학적 관점에서 보면 사람의 작업을 돕기 위해 프로그램에 의해 작동·운영되어 지능적인 작업을 수행하는 보조 장치일 뿐입니다. 하지만 인공지능은 사람의 마음에 대한 이해와 직간접적으로 연관될 수 있습니다. 이러한 관점은 다시 다음의 두 가지로 나누어집니다.

첫째, 컴퓨터를 사람의 마음에 대한 심리학 이론을 검증하는 도구로 사용하는 관점입니다. 이는 사람의 인지작용에 대한 가설이 제시되었을 때 이를 컴퓨터 프로그램에 입력하여 실행시켜 보는 것이라 할 수 있습니다. 실행 결과가 사람의 인지행위와 유사하게 나타나면 제시된 가설이 사람의 인지작용에 대한 올바른 이론임을 증명하게 되는 반면, 사람의 인지행위와 다르게 나타나면 가설이 틀렸음을 의미합니다. 둘째, 지능적으로 작동하는 컴퓨터는 마음을 이해하는 도구일 뿐만 아니라 그 자체가 마음을 갖는다는 관점입니다.

이와 같이 현대에 들어와 인공지능을 통해 사람의 인지에 접근하는 방법론이 일반화되면서 컴퓨터과학과 인지심리학은 밀접한 관련을 갖게 되었습니다. 이제 컴퓨터라는 기기는 인공지능이 더해지면서 기술공학적인 관심을 넘어 사람의 지능에 대한 모델을 제시하기에 이르렀습니다. 사람의 마음이 컴퓨터의 프로그램과 같은 방식으로 진행된다는 생각이 받아들여지고, 사람의 인지과정을 연구하는 인지심리학은 인지에 관한 이론의 발전 및 검증을 위하여 컴퓨터과학에 의존하게 된 것입니다. 현대의 많은 인지심리학자들이 곧 인공지능학자이기도 하다는 사실은 이러한 경향을 입증합니다. 이러한 경향이 통섭학문으로서 인지과학의 발전적 모태를 이루게 될 것입니다.

인지과학혁명은 어떤 결과를 가져올까

인지과학은 인간의 뇌와 마음은 물론 컴퓨터나 동물에게서 어떻게 정보처리가 일어나는지, 또한 그러한 정보처리를 통해서 '지intelligence'가 어떻게 구현되는지를 탐구하고, 이를 통해 마음과 각종 '지'의 본질을 이해하려는 종합적인 과학으로 볼 수 있습니다. 인지과학은 사람과 컴퓨터가 본질적으로 동일한 추상적 원리를 구현하는 일련의 정보처리 체계라는 생각에서 출발하였습니다. 인지과학의 등장은 과학계에 새로운 관점을 제공하였습니다. 20세기 후반, 인지과학이 '정보'라는 개념을 제시하여 정보사회를 가능케 했다면, 미래에는 인간의 마음과 뇌 그리고 컴퓨터를 연결하는 개념적 틀로 세상을 보게 하는 인지과학혁명을 촉발하여 인지사회를 전개할 수도 있습니다.

1950년대를 기점으로 하여 진행되고 있는 인지과학혁명을 통해 과학계는 인간 자신과 그 문화 체계, 동물, 컴퓨터 등을 새로운 방식으로 이해하고 설명하는 틀을 지니게 되었습니다. 이러한 인지적 패러다임을 구체적으로 구현하면서 그 기초이론부터 응용까지 근거를 탐구하는 과학이 바로 인지과학입니다. 인지과학이 없었다면 현재 일반화되어 있는 정보처리 기능의 컴퓨터, 정보 중심의 디지털 사회, 인간 지능과 컴퓨터의 연결, 인공지능 연구 등은 등장하지 못했을 뿐더러 정보과학의 이론적 개념과 틀도 형성하지 못했을 것입니다. 또한 단순한 숫자처리 기능을 수행하는 데 불과했던 계산기를 정보처리 기능과 지능을 지닌 컴퓨터로 바꾼 대변혁을 가능하게 한 것도, IT과학의 모태적 학문도 역시 인지과학입니다.

인지과학은 20세기의 전통적 관점인 물질 및 기계 중심의 과학기술 개념과 연구를 넘어 인간 자신과 사회 그리고 자연의 질서 전체를 인식하고 설명하는 전혀 새로운 세계관을 제시하였습니다. 인간의 뇌와 심리적·문화적 특성을 동시에 고려한 융합과학기술을 추구해야만 미래 과학기술 사회가 발전할 수 있다는 것입니다. 이는 향후 인공지능 분야와 직결되면서 다양한 가능성을 펼쳐나갈 것을 시사합니다.

이렇듯 인지과학은 인간의 작업 수행 능력을 향상시키는 원리를 제공하고, 컴퓨터와 인간의 마음·두뇌·문화를 창의적으로 조합한 인지적 변혁을 통해 인간의 한계를 극복할 수 있는 길을 제시한다는 점에서 발전 가능성이 매우 큽니다.

인공지능이 바꾸어나갈 사회

인공지능은 어떻게 등장했을까

인공지능Artificial Intelligence; AI이란 인식, 판단, 추론, 학습, 문제해결 등 인간의 지능이 가지는 기능을 갖춘 컴퓨터 시스템입니다. 온도를 알아서 조절해주는 냉난방 가전제품부터 애플Apple의 시리Siri나 구글Google의 검색시스템, 또는 페이스북Facebook 등과 같은 소셜네트워크서비스Social Network Service; SNS에서 제공하는 맞춤형 정보에 이르기까지 이미 인공지능은 우리 생활 깊숙이 들어와 있습니다. 현재의 인공지능은 연구 초기 단계를 이제 막 벗어난 수준이지만, 시장 규모의 급격한 팽창과 더불어 발전 속도는 매년 배로 상승해 2045년에는 인간의 판단능력과 거의 유사한 형태의 인공지능이 완성될 것으로 전망하고 있습니다.

인공지능은 크게 약인공지능Weak AI과 강인공지능Strong AI으로

나눌 수 있습니다. 약인공지능은 체스를 두거나 번역을 하는 등 자의식 없이 주어진 조건하에서 지시를 따르는 것이 특징입니다. 아무리 인간 지능의 수준을 넘어서는 인공지능이라 하더라도 자의식을 갖추지 않았기에 인간의 통제하에 움직이게 됩니다.

인공지능 연구 가운데 2016년 바둑프로그램 알파고로 인해 딥러닝deep learning이 급부상하였습니다. 딥러닝은 대량의 데이터로부터 스스로 핵심적인 개념을 간추려내도록 하는 기계학습machine learning 방법론으로, 사람이 일일이 판단 기준과 정답을 알려주지 않아도 수많은 데이터를 통하여 컴퓨터가 스스로 방법을 찾아나가는 것이 특징입니다. 이러한 딥러닝은 연결의 시대가 만들어낸 빅데이터big data와 결합해 인공지능에 획기적인 변화를 가져왔습니다.

약인공지능의 다음 단계에 등장할 강인공지능은 지각능력과 자의식을 가지고 인간을 넘어설 수도 있다고 합니다. 강인공지능의 관점에서는 프로그램된 컴퓨터를 단지 심리학적 설명을 검증하기 위한 도구가 아니라, 마음에 대한 설명 그 자체로 간주합니다. 이는 물리학자 스티븐 호킹S. Hawking, 테슬라의 엘론 머스크E. Musk, 마이크로소프트의 빌 게이츠W. Gates 등이 진지하게 인류의 위협으로 경고했듯이 단순한 공상이 아니라 단지 실현되기까지 얼마나 걸리는가의 문제일지도 모릅니다.

인공지능 시대 직업의 의미는 무엇일까

인공지능과 로봇 기술의 발전은 앞으로 10년 안에 국내 직업종사자 절반 이상의 일자리를 위협할 것으로 예측될 만큼 빠르게 진행되고 있습니다. 2000년대 이후 로봇의 단가는 매년 낮아지고 있고, 앞으로 로봇이 주요국의 생산 비용을 평균 16% 낮출 것이라는 전망도 있습니다. 노동 시장에서 인간보다 기계 지능인 로봇이 선호되는 이유는 비교적 분명합니다. 로봇은 학습 속도와 양에서 인간과 비교할 수 없을 정도로 앞서는 데다, 죽지도 늙지도 않으며 교체나 업데이트 시 비용도 적게 들고 재학습도 비교적 빠르기 때문입니다. 더욱이 임금 인상이나 근로조건 개선을 요구하지도 않고 감정적인 알력을 겪을 필요도 없습니다.

인류는 빠르게 로봇의 시대를 맞이하게 될 것입니다. 우리에게 필요한 프로그램에 따라 사용하는 로봇에 우리 자신이 프로그램화되어 그 일부가 되어버린 역설적 상황에 놓여 있다고 볼 수도 있지만, 그렇다고 이러한 변화를 공포나 위험으로 받아들이는 것은 다소 위험한 발상입니다. 반대로, 인간이 하기 어렵고 힘든 업무를 로봇과 인공지능이 대신하니 무조건 편리한 일이라고만 생각하는 것 또한 단순한 발상입니다. 혁신일 수도 위협일 수도 있는 로봇의 세계를 이해하기 위해서 관심을 기울이는 한편 로봇과 공존할 수 있는 방법을 찾을 필요가 있습니다.

로봇에게 위임할 수 있는 기능과 일들이 점차 늘어난다는 것은 우리가 반복적이고 고된 업무로부터 해방되어 여유로워지는 동시에, 로봇이 대체할 수 없는 사람만의 기능이 무엇인지 찾아내는 계기가 됩니다. 인간이 직업적 생존 방식과 함께 의미 있는 삶을 영위하기 위한 기본 요건을 새롭게 정립해나갈 것으로 기대합니다.

인공지능 연구의 전망과 책임은 무엇일까

특정 기능에서 인간을 넘어서는 로봇은 이미 등장했고, 사람의 생각을 표준화한 인공지능을 가진 더 뛰어난 로봇이 나올 수도 있을 것입니다. 하지만 아무리 기술이 발달한다고 해도, 돌발적이고 상황의존적인 인간의 특성으로 인해 발생하는 수많은 변수들에 실시간으로 반응하고 대응할 수 있는 '로봇의 감정적 인간화'는 불가능합니다. 이세돌이 알파고와의 대국에서 보여준 1승의 그 한 점이 좋은 예입니다. 이는 과학기술이 한류를 확산하게 할 수는 있어도 한류를 만들 수는 없는 것과 마찬가지입니다.

변함없이 안정적인 직업 개념이 사라지는 시대에 대비하여 개인 또는 국가적으로 충분한 자원과 여유를 갖추기란 어려운 일입니다.

하지만 그 대비가 온전히 각 개인의 책임으로 남겨진다면 불균형이 더욱 심화되어 사회적 문제로 이어질 것입니다. 따라서 과학 혁신에 따라 정책을 수립하는 과정에서도 프라이버시나 안전 등 다양한 윤리적 문제를 다루어야 하며, 과학의 발전에 따른 인공지능의 혜택을 공정하게 확산할 수 있는 방편을 마련해야 합니다.

또한 과학의 발전에 대해 막연한 걱정이나 섣부른 기대를 하기보다는 개인적·사회적으로 현실에서 실현 가능한 방안을 찾아 실질적으로 대응해야 합니다. 근본적으로는 과학을 바탕으로 또 다른 '지intelligence'를 위한 끊임없는 자각적 탐구에너지를 발휘하여 기계와 사람, 사람과 사회를 연결하는 새로운 틀 안에서 인간의 가치를 만들어나가야 합니다. 폭발적으로 증가하는 인공지능 연구와 그 활용이 인간과의 공존에 긍정적인 영향을 미칠 수 있도록 인류의 생각하는 능력, 즉 호모 사피엔스homo sapiens가 지닌 사고의 힘을 사회적 역량으로 응집시켜 적극 대응해나가야 할 것입니다.

미래 과학기술이 경제에 끼칠 영향

미래의 직업은 어떻게 변할까

경제는 돈의 원리에 관한 학문이고 경영학은 돈을 버는 방법을 연구하는 학문입니다. 과학기술은 대상을 추론하고 검증하여 정형화한 성과를 창조하고, 제품화를 통해 경제와 경영으로 연결되고 진화해나갑니다. 18세기 이후 경제 발전에서 과학기술은 성장의 동력이 되어왔습니다. 하지만 과학기술이 소수의 부를 증식하는 수단으로 존재해서는 당위성을 잃게 됩니다. 과학은 인간을 배제하고 존재할 수 없기에 과학기술은 다수의 미래에 대한 희망이 되어야 합니다. 이는 경제와 경영, 과학기술이 함께 가치 사슬value chain을 만들어가야 하는 이유입니다. 이러한 관점에서 과학과 시장이 함께 발전을 이루는 시대를 반영한 새로운 접근으로서 과학기술을 경제·경영과 접목한 기술경제경영학이 등장하여 발전하였습니다.

경제의 효율성과 과학의 효과성은 조화를 이룰 수 있습니다. 경제에 영향을 미치는 수많은 요소들 중 정보 비대칭의 해결과 합리적 의사결정은 인문학적 경제논리이지만, 인간의 행동과 감정을 뇌과학과 결합함으로써 패턴화하면 그 결과를 소비와 연결할 수 있습니다. 이는 경제와 과학의 절묘한 만남입니다. 또한 과학기술과 문화가 만났을 때 새로운 가치를 창출하고 창의적인 제품을 낳게 되는데, 애플 주식회사Apple Inc.의 제품들은 그 좋은 사례입니다.

과학과 기술의 발전은 일자리의 양과 지형도도 변화시켜 왔습니다. 증기기관이 이끈 1차 산업혁명부터 시작하여 기계화가 이끈 2차 산업혁명, 컴퓨터와 인터넷이 이끈 3차 산업혁명이 진행되는 동안 기계는 직업 세계에서 인간의 역할을 대체해온 것이 사실입니다. 하지만 동시에 새로운 직업이 끊임없이 생겨나고 있기도 합니다.

특히 2010년 이후 우리 주위에서 종종 언급되고 있는 소위 4차 산업혁명 시대에는 직업 변화의 폭과 내용이 더욱 커지고 다양해질 것입니다. 4차 산업혁명은 2016년 1월 스위스에서 개최된 제 46회 다보스포럼의 주제로 채택된 이후 최근 국내외적으로 관심이 확대되고 있습니다. 이 포럼이 주목을 받게 된 이유는 『일자리 미래보고서』에서 고용이 감소할 것이라고 경고하였기 때문입니다. 보고서는 2015년에서 2020년에 이르는 기간에 새 일자리는 2백만 개 증가하는 반면, 7.1백만 개의 일자리가 감소하여 전체적으로 5.1백만 개의 일자리가 감소할 것으로 전망하였습니다.

4차 산업혁명은 빅데이터와 클라우드 컴퓨팅 그리고 인공지능 등에 의해 자동화와 연결성이 초극대화되는 한편, 기술·인간·사회는 물론 나아가 현실 세계와 가상 세계 간의 연결과 융합이 기하급수적으로 확대되면서 '초연결성' 사회로 나아가게 합니다. 이렇게 되면 인간의 욕구가 물질에서 정신으로 이동하게 되고 결국 놀이와 문화가 최대의 산업으로 부상하게 되면서 새로운 직업이 생겨나게 됩니다. 2015년도 『한국직업사전The Future of Jobs』에 등장한 빅데이터 전문가, 스마트 헬스케어 기기 및 서비스 개발자, 3D 프린터 개발자, 홀로그램전문가 등은 이전에는 존재하지 않았던 새로운 직업들입니다.

로봇과 인공지능, 사물인터넷 등이 주도하는 4차 산업혁명 시대에 상대적으로 안전하리라 여겨졌던 지식기반 업무 역시 컴퓨터 알고리즘과 소프트웨어에 의해 대체될 것으로 전망됩니다. 3차 산업인 서비스업 중에 기자, 회계사, 변호사, 의사, 약사 등과 같이 부가가치와 전문성이 높은 영역마저 기계와의 경쟁에 직면할 수도 있습니다. 이것은 기계에게 일자리 하나를 빼앗기는 것으로 끝나는 것이 아니라 경쟁 상황과 시장 조건이 근본적으로 달라진다는 의미입니다. 따라서 일자리 감소 문제는 단순히 재교육을 받아 업무 능력을 업그레이드한다든가 새로운 기술과 서비스 방법을 습득하는 것으로는 해결하기가 어려운 문제입니다. 다시 한번 거대한 경제 변화의 시대가 도래할 수도 있을 것입니다.

공유경제란 무엇일까

공유경제sharing economy란, 한번 생산된 제품이나 서비스를 소유나 독점하는 것이 아니라 필요에 따라 서로 공유해서 사용하는 협력적 소비 경제 활동을 말합니다. 이는 4차 산업혁명의 상징인 자동화와 연결성이 극대화된 새로운 개념으로, 대량 생산 체제의 소유 개념과 대비됩니다. 매일 수억 명의 이용자가 스마트폰을 이용해 접속하는 SNS와 같은 인터넷 플랫폼은 사람과 자산 그리고 데이터를 한데 모아, 재화와 서비스를 소비하고 제작하는 방식을 완전히 바꿔놓았습니다. 소비자와 공급자가 모바일을 통해 자신의 유휴자원*을 인터넷 플랫폼에서 손쉽게 공유합니다. 이러한 플랫폼은 비즈니스 환경을 변화시켜 개인과 기업 간의 장벽을 낮추고 고른 부의 창출을 유도합니다. 특정한 사람들이 아닌 일반인 누구라도 자신의 능력을 선보일 수 있는 미디어에 접근하기가 용이해진 것입니다.

인터넷과 SNS 등의 서비스를 중심으로 하는 정보기술IT의 발전은 개인 대 개인의 거래를 편리하게 만들어 공유경제의 활성화를 가능하게 하였습니다. 또한 디지털 플랫폼은 개인이나 조직이 자산을 활용해 거래를 할 때 발생하던 비용을 대폭 감소시켰습니다. 이제 개인과 기업은 인터넷의 힘을 이용해 협력을 촉진하고 있으며, 기민한 개인은 이미 1인 기업으로 경제에 참여하고 있습니다. 모바일과 인터넷 발달에 힘입어 개인 모두가 참여하는 경제민주주의에 한 발씩 다가가고 있는 것입니다. 공유경제는 더욱 활성화될 것이고, 여기서 그치지 않고 새로운 기술과 함께 또다시 새로운 경제 패러다임을 등장하게 할 것입니다. 이렇듯 오늘날 경제 활동은 과학기술에 기반을 두고 변화를 이끌고 있습니다. 글로벌 경제 위기 상황에서 위기를 극복하고 미래의 성장 동력을 창출하기 위해 모두가 관심을 가져야 할 것이 바로 과학기

* 유휴자원이란 소비 또는 사용되지 않고 일시적으로 쉬고 있는 상태의 자원입니다.

술 기반 공유경제인 것입니다.

이미 시작된 4차 산업혁명의 물결 속에서 개개인은 경제 주체이고, 인터넷은 플랫폼이며, 주변의 유휴자원은 공유할 때 더 큰 가치가 되는 경제적 자산화가 이루어지고 있습니다. 이러한 변화를 받아들이는 우리의 자세는 좀 더 유연해질 필요가 있습니다. 낡은 기준으로 현재를 판단하려다 보면 시대착오라는 오류로 이어지게 됩니다. 이미 낡은 고성장시스템의 정치, 법률, 행정 등의 제도는 현재의 경제시스템에 영향을 미치지 못합니다. 오늘날 우리 사회의 새로운 경제적 현상들인 스마트 사회, 공유경제, 수요자중심 경제,

맞춤형 경제, 혼밥 · 혼여(혼자 여행하기)와 같은 1인 경제, 신뢰경제, 플랫폼경제 등은 과학기술 없이는 상상할 수 없는 변화입니다. 존속적 혁신이라는 기존의 틀이 아니라, 과학기술과 경제가 함께하여 파괴적 혁신과 와해성 경영이 사회 전반에 걸쳐 일어날 때, 다시 한 번 과학기술이 경제의 패러다임을 바꾸고 경제력이 과학기술력을 양자도약quantum jump*하게 할 것입니다.

* 양자도약은 양자역학에서의 용어로, 혁신을 통해 단기간에 비약적으로 발전하는 경우를 나타내는 말로 사용됩니다.

과학기술은 인간과 사회를 어떻게 변화시킬까?

과학기술 시대 우리의 도전과 기회는 무엇일까

우리의 일상은 이제 기계와 떼려야 뗄 수 없는 관계에 있습니다. 기계음에 따라 일어나 기계에 둘러싸인 채 하루 종일 일을 하고, 기계에 의지해 먹고 마시고 운동하며 보일러와 에어컨으로 관리되는 아파트에서 잠이 듭니다. 현대인은 과학기술의 풍요 속에 가장 인간적인 과학, 가장 경험적인 기술, 가장 과학적인 사회에서 살고 있습니다. 기계와 대화할 수 있는 이 시대에 컴퓨터가 할 수 있는 영역에서 인간이 기계의 기능적 능력과 속도, 정확성을 따라 잡는 것은 불가능하게 여겨집니다. 과학기술의 발전은 인간의 판단보다 기계의 결정을 더욱 신뢰하는 세상을 열고 있습니다. 하지만 과학기술은 결국 인간을 위한 학문입니다. 어려움을 극복해온 과정이 곧 인류 문화의 역사이고, 도전이 없었다면 진화도 없었을 것입니다. 과학 발전의 동력은 바로 인류의 인식 확장이었습니다. 이것이 기계완전주의 시대에서도 인간이 중심인 이유입니다. 인간은 자신만의 세상에 갇히지 않도록 함으로써 타인과 세계에 대한 이해의 폭을 넓히고 차이를 만들어가는 존재입니다.

불과 30년 전 우리는 운전자가 있는 엘리베이터를 타고 조수가 있는 버스를 이용했습니다. 새로운 것을 발견하는 혁신과 새롭게 만드는 진화가 함께하고 있습니다. 영국이 만든 최초의 증기자동차는 적기조례Red Flag Act*의 틀에 갇혀 혁신하지 못하였으나 헨리 포드H. Ford는 '모델T'를 출시하여 이동과 연결에서 대변혁을 만들어냈습니다. 스마트폰은 소통의 기기를 넘어 하나의 소통 문화로 인식되고 있습니다. 이렇듯 오늘날에는 과거 영화에서나 보던 상상의 세계가 하나하나 현실이 되고 있습니다. 그뿐만 아니라 지구가 직면한 에너지와 환경 보존, 우주 탐험, 빈곤 등의 과제를 해결하는 데 기여한 지구 개발, 교육, 생명공학 등에 수여하는 X Prize라는 상까지 만들어 세상의 변화를 더욱 촉진하고 있습니다. 머지않아 무인자동차가 본격화되어 인간이 직접 운전하는 일이 더 위험해질 수도 있고, X Prize가 노벨상의 명성을 능가할 수도 있을 것입니다.

해마다 반복적으로 나오는 이야기가 하나 있습니다. 정치·경제·사회·인문·문화 등 각 분야는 물론이고, 지역이나 국가 나아가 글로벌 차원에서도 강조되고 있는 그 말의 핵심은 오늘날이 '위기'

---

* 적기조례란 영국에서 19세기 중반에 제정된 최초의 도로교통 관련법입니다. 자동차의 속도와 운송 능력을 마차 시대의 의식 수준에 얽어맨 규제로서 제도가 현실을 따라가지 못하는 사례로 인용되었습니다.

라는 것이고 그 해법은 '기회'라는 것입니다. 로봇이 노동을 대체하고, 인공지능이 판단을 대체하고, 지식은 공유되어 교육을 대체하고, 우리의 기억은 저장이 대체합니다. 기술은 넘쳐나는데 일자리는 없어집니다. 노동력은 고령화되어가고 저성장의 추세가 지속되고 있습니다. 이것은 엄청난 위기이자 급속한 위기입니다. 전기가 상용화되는 데 70년이 걸렸던 것에 비해 이 위기가 다가오는 속도는 실로 엄청나서, 지금의 IT 제품의 주기는 1년을 넘기지 못합니다. 70억 인구가 필요한 것보다 더 많은 식량을 생산하는데도 사망 원인 중 상당 부문이 기아라는 것은 인류의 아이러니입니다. 풍요 속의 빈곤을 해결해야 하는 위기를 융합과 연결이라는 변화를 통하여 기회로 만들어야 하는 것입니다.

빅데이터는 사회를 어떻게 변혁시킬까

빅데이터란 수치 데이터뿐만 아니라 문자와 영상 데이터를 포함하는, 과거 아날로그 환경에서 생성되던 데이터에 비해 방대한 규모를 가진 대규모 데이터를 뜻합니다. 디지털 과학이 발전하면서 가늠할 수 없을 정도로 많은 정보와 데이터가 생산되는 환경이 도래하여 학문 간의 벽 또는 지식의 격차를 허물고 능력을 평준화하고 있습니다. 우리는 500년의 역사도 그 자리에서 분석할 정도로 기계적 이점이 최적화된 개방형연결정보Linked Open Data; LOD의 사회에서 살고 있습니다.

'정보재난'으로 표현될 만큼 넘치는 데이터와 이를 이용한 상업화가 새로운 산업으로 등장하여 데이터가 만능열쇠인 것으로 간주되고 있습니다. 데이터는 분석을 통하여 새로운 정보를 주지만, 주어진 정보는 인문·사회적 깊이를 가진 고찰이 함께할 때 비로소 분석을 넘어 새로운 해석이 더해진 통찰이 되고 가치가 될 수 있습니다. 한류의 초석이 된 TV드라마 〈대장금〉은 『조선왕조실록』이 디지털 데이터화되어 만들어진 좋은 예입니다.

인간의 기억은 기계를 매개로 기록되어왔습니다. 이 기록은 문자에서 이미지로, 이미지에서 0과 1로 이루어진 디지털로 변했습니다. 이제 인류의 역사는 '기록의 역사'에서 나아가 모든 것이 저장되는 '남김의 역사'로 변해가고 있습니다. 패러다임이 바뀐 것입니다. 역사의 주기가 물질혁신의 쇠퇴기에서 연결혁신의 도입기로 가고 있습니다. 인류 문화는 이제 더 이상 천재가 만들고 대중이 환호하는 것이 아니라, 대중이 만들고 천재가 새롭게 하는 것입니다. 과학기술에서도 시민과학에 대한 관심이 커지고 리빙랩Living Lab*이 강조되고 있습니다. 이제 누구라도 바라보는 것을 넘어 스스로 자신의 방에서 창조와 혁신에 동참할 수 있고 그 성과를 누릴 수 있습니다.

인류 역사상 인간의 생각이 철학과 예술을 만들고, 철학과 예술에 대한 성찰이 과학으로 발전하고, 인문학과 경제학이 분화되어 개별 학문이 되었습니다. 그러나 과학의 발전은 연결성을 극대화하면서 이 모든 것을 다시 하나하나 융합하고 결합하여 우리 인간에게 다가오고 있습니다.

우리는 과학과 과학, 기술과 기술만이 아니라 모든 영역이 연결되는 융합의 시대에 살고 있습니다. 과학의 발전으로 '사람답다'에

---

* 리빙랩은 '살아 있는 실험실' '일상생활 실험실' 등으로 해석되는데, 사용자가 직접 나서서 문제를 해결해나가는 사용자 참여형 혁신공간을 뜻합니다.

관한 전통적 정의가 재정립되고 가치가 바뀜으로써 지금까지 상상하지 못했던 변화를 맞이하고 있는 것입니다. 과학기술은 전문가들의 것이지만 과학기술의 혜택은 모두를 지향합니다. 과학기술은 누구나 다룰 수 있는 것은 아니지만, 누구나 과학기술적으로 능력을 발휘할 수 있습니다. 빅데이터와 만물인터넷Internet of Everything; IoE*이 이를 가능하게 하고, 융합의 가치가 인간의 새로운 모험과 의지를 실험하고 사회를 변혁할 수 있습니다.

과학의 발전에 인문학적 통찰이 왜 중요할까

사람은 감정의 동물입니다. 인간의 감정 연구는 심리학이라는 학문으로 체계화되어 이어져왔습니다. 심리학은 인간의 본성과 마음 그리고 욕망과 사랑 등 눈에 보이지 않는 것을 과학적으로 연구하는 학문입니다. 이제까지 심리학은 과학보다는 인문학에 머물러 있다고 보는 것이 일반적이었지만, 최근 과학기술의 발달로 유전자 등 과학기술의 용어로 기존의 심리학 용어를 대체해나가는 경향이 나타나고 있습니다. 생각의 합리화란 어떤 법칙에 의해 설명할 수 있을 때 과학기술적인 것이고, 이러한 법칙은 과학기술에 기반을 두어야 한다는 것을 전제로 합니다.

뇌과학 또는 인지과학의 발전으로 기계와 인간의 상호 연결성이 높아지고 있습니다. 이렇듯 과학이 자신의 영역을 넓혀감에도 과학의 발전은 인문학적 통찰과 밀접하게 연관되어 있습니다. 뉴로컴퓨팅을 통해

---

* 만물인터넷은 사물인터넷이 진화하여 만물이 인터넷에 연결되는 미래의 인터넷입니다.

마인드 업로딩과 다운로딩이 개발되고 있지만 인간의 행동과 의사결정은 기계적 집합에서 찾는 것이 아니라, 사고 자체를 연구하는 과정에서 찾아야 합니다. 고전에 대한 이해나 인문학적 상상력과 같은 자양분이 중요한 이유가 여기에 있습니다. 노벨상 수상자들의 모임인 독일의 린다우 회의* 행사에서는 시대를 초월한 가치와 영향력을 지닌 고전이 많이 거론됩니다. 고전을 읽다가 과학적으로 새로운 아이디어를 얻는다는 것입니다. 이와 같이 합리성을 기반으로 한 과학기술의 연구·개발에서 비합리적인 감정과 감성을 접목했을 때 더 큰 가치를 만들어갈 수 있습니다. 파킨슨병을 앓는 환자의 손떨림을 보정하는 숟가락 개발 등은 과학적 연구나 아이디어만으로 이루어지지 않는 것과 마찬가지입니다.

유전공학이나 뇌과학 등과 같은 생명과학의 발전으로 인간에 대한 지식과 이해를 심화하더라도, **과학기술이 인간을 완전히 해석하고 규범화하지는 못합니다.** 인간은 관계 속에서 사고하고 행동하므로, 이로 인해 나타날 수 있는 판단과 행동의 조합은 무수히 많기 때문입니다. 같은 이유로 과학기술이 아무리 인류에 많은 기여를 하더라도 도덕적·윤리적 문제에 대해 우리의 행동이 옳은지 여부까지 알려줄 수는 없습니다.

과학기반사회 시대의 인간은 어떤 모습일까

인류가 지구에 등장한 역사가 200만 년이라면 그중 문명이 기원한

---

* 린다우 회의는 매년 7월, 독일 린다우에서 인류 최고의 지성으로 인정받은 노벨상 수상자들이 젊은 과학도들을 만나 강연과 토론 등을 통해 지적 교류를 나누는 자리입니다.

것은 5천 년에 지나지 않습니다. 식량을 채집하며 유목하던 구석기에서 농업기반의 정착생활을 하는 신석기로의 이행에는 아주 오랜 시간이 걸렸습니다. 솜씨를 가진 식량 생산자로서의 인류가 등장함에 따라 신석기혁명이 일어나고, 불을 조작하는 기술을 이용하여 인공적으로 돌을 활용할 수 있게 되면서 거석문화가 발전하였습니다. 이후 관개기술과 고밀도 농업이 발달하면서 메소포타미아, 이집트, 인더스, 황허 등의 지역을 중심으로 인류의 문명이 등장하였습니다.

이러한 농업문명의 시기에 유럽은 문명의 변방에 불과했으나 이후 혁신적 농업혁명을 주도하게 되었습니다. 이로 인해 식량의 잉여가 발생하였을 뿐만 아니라, 농업을 위한 관찰의 역할을 하던 학문인 천문학이 코페르니쿠스를 전환점으로 하여 과학혁명에 불을 지폈고, 구텐베르크의 인쇄술 발명으로 말미암아 소통의 혁명까지 일어나게 되었습니다. 이를 발판으로 유럽은 르네상스 시대를 열며 거듭 발전하고 과학혁명을 거치며 근대 과학의 중심에 서는 계기를 마련했습니다. 이는 산업혁명에까지 영향을 미치고, 과학기술의 발전을 가속화했습니다.

구석기·신석기·청동기·철기 등과 같이 도구의 발달을 기준으로 전개된 혁신의 단절적 구간에서나 산업혁명이라는 대전환기에서나, 이전 시대의 삶의 방식에 익숙해 있던 인류에게 새로운 과학과 기술의 도입은 언제나 중대한 위기로 받아들여졌습니다. 하지만 인류는 이를 슬기롭게 극복하여 지금에 이르렀습니다. 과학기술은 사회문제 해결의 열쇠이고 경제의 경쟁력이며 정치에 영향력을 미치는 국가 발전의 동력으로 간주되었던 것입니다. 맬서스T. Malthus의 인구론은 과학의 발전으로 그 당위성을 잃기도 하였습니다.

당분간 이러한 과학기술중심 사회는 변하지 않을 것이며 과학의 대중성과 다학제성은 더욱 확대될 것입니다. 과학이 대중의 호응에 민감해지는 이유가 바로 여기에 있습니다. 우리는 이제 자의 반 타의 반으로 과학기반사회 시대를 살아가야 합니다. 이러한 변화가 미래 인류에게 축복이 될지 재앙이 될지는 알 수 없으나, 이것을 위기로 생각한다면 어떻게 기회로 만들 수 있을 것인가를 깊이 고민하고 함께 풀어나가야 한다는 것만은 확실합니다.

인간은 진화의 과정 속에서 문자를 발견하고, 그것으로 지식을 전달하고 확산하였습니다. 또한 과학기술을 통하여 객관적 경험과

사실을 정형화하며 사회를 발전시켜왔습니다. 이런 점에서 인간은 도구를 만들고 사용하는 존재, 즉 호모 파베르homo faber였습니다. 이제 인류는 인터넷을 만들어내고 가상공간을 새로운 생활공간으로 연결함으로써 눈에 보이지 않는 것까지 도구로 사용하는 수준에 도달하였습니다.

초연결성은 기존의 정보 불평등의 장벽을 마법처럼 제거해나가고 있습니다. 과거의 인류가 부족이라는 결핍 속에서 생존을 위해 필사적으로 창의적인 문제해결 방법을 집단적으로 탐색했다면, 초연결·초집적·초고속의 스마트 사회에서 인류는 인공지능을 바탕으로 한 엄청난 지식융합과 결합의 힘을 통해 개개인이 미래를 스스로 계획하는 주체이자 주인공이 될 수 있습니다.

인류의 긴 역사는 인간 존재와 경험의 가치를 논리적이고 사실적으로 설득하고 증명하면서 오늘에 이르렀습니다. 과거의 존재 방식을 새롭게 바꾸어나가려면 경험을 바꾸어야 합니다. 과학기술이 사회 변화를 담지하고, 그 사회 변화가 과학기술의 변화를 촉진하면서 과학과 사회가 함께 가치 혁신을 이끌어나가야 할 것입니다.

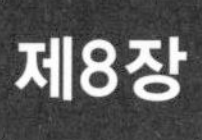

제8장

과학과 기술

◇

지금까지의 철학은 무가치하므로
더 나은 설계도로 모든 것을
다시 정립하고, 올바른 기초 위에서
과학과 기술, 인간의 모든 지식에 대한
총체적인 재건축을 해야 합니다.

◇

철학자 프랜시스 베이컨
Francis Bacon
1561~1626

과학이 발전하면 지구촌을 더 빨리 이동하거나, 인간의 수명이 늘어나는 등 한층 편안하고 풍요로운 사회가 될 것이라고 상상합니다. 하지만 가만히 생각해보면 이런 상상은 대부분 기술의 발전과 밀접한 것입니다. 이처럼 오늘날에는 과학의 발전이 갖는 의미와 필요성을 기술의 발전에서 찾는 데 익숙합니다.

이 장에서는 과학과 기술의 관계를 살펴봅니다. 먼저 기술이 무엇인가에 대해 탐색합니다. 기술의 목적과 방법 그리고 기술적 지식이 갖는 특징을 통해 기술에 대한 개념을 명확하게 하고, 과학과의 비교를 통해 과학과 기술의 차이를 알아봅니다. 다음으로 과학과 기술이 맺는 관계를 현대의 맥락에서 규명함으로써 기존의 통념을 반성적으로 살펴봅니다. 이를 바탕으로 미래에 과학과 기술의 관계가 어떻게 변화할지를 탐색합니다.

이 장의 목표는 과학과 기술의 관계는 물론 과학과 기술 그리고 사회의 관계까지 내다보는 것입니다. 과학과 기술이 현재 우리 사회에서 가지는 의미와 가치를 살펴보고, 2050년 미래 사회에서 과학기술 연구가 변화해나갈 방향을 전망하고자 합니다.

과학과 기술의 관계

기술의 목적은 무엇일까

과학과 기술의 관계를 살펴보기 위한 선행 작업으로 기술이 무엇인가에 대해서부터 생각해봅니다. 이해를 돕기 위해 과학에 견주어 기술의 특징을 규명해보겠습니다.

기술은 주어진 환경의 제약 속에서 최고의 효율을 내는 것을 목표로 합니다. 여기서 '환경의 제약'이라는 조건을 눈여겨보아야 합니다. 기술에서는 최고의 효율을 내는 인공물을 만들거나 그를 위한 기술적 절차를 고안해내는 것을 목표로 삼지만, 그 목표는 항상 현실과의 타협 속에서 이루어집니다. 재료가 가지는 한계 또는 재료의 특성이 그 첫 번째 환경적 제약입니다. 전기의 전파를 예로 들어보겠습니다. 전기가 공기나 다른 매질을 통해 전파될 때는 그 매질의 특성에 따라 전기 에너지의 손실이 일어나게 됩니다. 그와 같은 현실적 제약을 고려해야 하는 것이 기술의 중요한 특징입니다.

과학의 목표와 비교해보면 환경의 제약을 고려해야 하는 기술의 특징은 더욱 두드러지게 나타납니다. 과학은 자연의 참모습을 이해하고 설명하는 것을 목표로 합니다. 자연의 참모습은 과학적 진리라고 할 수 있는데, 과학적 진리는 항상 옳은 것이어야 합니다. 언제 어디서나 옳은 과학적 진리를 만들 때는 환경의 제약이나 현실의 한계를 고려하지 않습니다. 그것을 고려하면 언제나 옳은 보편적 진리가 될 수 없기 때문입니다. 이렇듯 언제나 항상 옳은 보편적 진리를 찾기 위해 과학에서는 현실적 제약을 초월하는 비현실적인 상황을 상정합니다. 예를 들어 물리학의 운동 법칙을 찾으려 할 때, 물리적 마찰이 없는 상황과 같이 현실에서는 거의 경험하기 힘든 환경을 상정하는 것입니다.

기술이 부닥치는 현실적 제약에는 경제적인 요소도 포함됩니다. 최고의 효율을 목적으로 한다고 하는 데는 경제적 효율에 대한 고려도 포함되어 있습니다. 한마디로, 아무리 좋은 기술일지라도 생산 비용이 크면 상용화하기 어렵습니다. 경제성까지 고려한다는 점에서 기술은 가치를 내포합니다. 경제성은 물질적 요소뿐만 아니라 사회·문화·정치적 요소의 영향이 복합적으로 작용하여 결정됩니다. 그러므로 기술도 마찬가지로 이런 가치들을 포함하고 있다고 할 수 있습니다.

이러한 점에서 과학은 기술과 다릅니다. 과학은 보편적 진리성을 확보하기 위해 현실을 초월한 이상적 물리 세계를 상정합니다. 비현실적이고 이상적인 물리 세계에는 가치를 담을 자리가 없습니다.

따라서 과학적 진리는 가치중립성*을 표방합니다.

기술의 방법에는 어떤 것들이 있을까

기술은 설계와 발명 그리고 생산을 통해 발전하는데, 이 과정에서 모형 만들기와 실험을 주된 탐구 방법으로 채택합니다. 기술에서의 모형은 현실을 최대한 가깝게 모방하되, 실험실이라는 제한된 공간에 맞춰 모형의 규모는 축소합니다. 이런 모형을 스케일 모형이라고 합니다. 기술에서 스케일 모형은 실제 환경하에서 기술적 인공물이 어떻게 작동하는지를 관측하고 예상치 못했던 변수들을 찾아내기 위한 용도로 사용합니다. 그런 점에서 기술에서의 스케일 모형은 실제 환경을 최대한 모방하는 데 주안점을 둡니다. 기술에서 실험의 사용도 이와 비슷한 목적을 갖습니다. 기술에서 실험은 다양한 변수에 따라 나타나는 기술적 인공물이나 절차상의 변화를 관찰하기 위해 사용합니다. 즉, 모형이나 실험 모두 기술적 인공물이 작동하는 환경의 복잡성을 이해하기 위한 용도로 이용하는 것입니다.

기술의 방법으로서 모형 만들기와 실험이 갖는 특성은 과학에서의 모형과 실험이 하는 역할과 비교해보면 더욱 두드러지게 나타납니다. 기술처럼 과학도 자연을 탐구하는 방법으로 모형 만들기와 실험을 활용합니다. 과학에서의 모형은 자연 현상을 가설에 따라 설명하고 예측하기 위한 이론적 모델입니다. 이를 위해 과학에서 모형을 만들 때는 설명과 예측을 효과적으로 하기 위해 자연의 복잡성을 단순화시킵니

* 가치중립성이란 학문이 객관성을 지니기 위해서는 가치 판단으로부터 분리되어야 한다는 학문적 태도입니다.

다. 자연에 대한 보편적 진리를 찾기 위해 비현실적인 조건을 상정하는 것과 일맥상통하는 부분입니다. 예를 들어 도선에서 자유 전자가 흐르는 모형을 나타낼 때는 긴 파이프에 음전하를 띤 자유 전자 알갱이들이 같은 방향으로 움직이는 그림을 종종 보게 됩니다. 이 모형은 자유 전자를 쉽게 설명하기 위해 여러 특징을 생략한 것입니다. 실제로 도선 속 자유 전자들이 모두 같은 방향으로 움직이는 것은 아니지만, 이 모형에서는 (-)극에서 (+)극으로 움직이는 알갱이만 나타납니다. 도선을 속이 텅 빈 파이프와 같다고 보는 것도 사실과는 맞지 않는 부분입니다. 도선을 구성하는 금속원자들은 서로 결합되어 있고, 실제 도선에는 불순물에 해당하는 입자들도 존재하고 있습니다. 하지만 실제에 가깝게 한다고 이런 것들을 모두 모형에 담는다면, 과학적 모형은 그 존재 이유라고 할 수 있는, 단순화를 통한 설명과 예측이라는 목적을 포기해야만 합니다.

과학의 실험도 기술의 실험과는 용도가 다릅니다. 과학에서는 실험을 이론을 입증할 용도로 사용합니다. 과학은 현상과 환경의 단순화를 통해 정확한 데이터를 얻고, 이를 기반으로 올바른 결론을 얻는 것을 목표로 삼습니다. 반면 기술은 현상의 복잡성으로 인해 정확한 데이터를 얻는 것이 거의 불가능에 가까울뿐더러, 그 복잡한 변수들을 모두 포함시키는 모델링도 사실상 불가능합니다. 이로 인해 기술에서는 불완전한 데이터와 근사 모델을 결합하여 최선의 결정을 내리는 것을 추구합니다. 한마디로 과학은 불완전성과 부정확성을 용납하지 않지만, 기술은 그것을 불가피한 것으로 보고, 불완전하고 부정확한 세계 속에서 최선의 선택과 최고의 효율을 추구하고자 합니다.

기술의 지식에는 어떤 것들이 있을까

기술의 지식은 암묵적이고 개별적인 성격이 강합니다. 암묵적 지식이란 말이나 글로 표현하기 쉽지 않은 지식을 의미합니다. 예를 들어 자전거 타는 방법을 예로 들어보겠습니다. 자전거 타는 법을 글로 적거나 말로만 설명한다면, 그것만 보고 자전거 타는 법을 배우기는 어렵습니다. 자전거 타는 법을 배울 때 '몇 번 타보면 알게 된다'라든지, '서너 번만 넘어지면 금세 배울 수 있다' 등의 말은 기술에서 암묵적 지식의 존재를 암시합니다. 자전거를 타기 위해서는 언어로 표현되는 지식 이상의 것이 필요하며, 그 지식은 머리가 아니라 몸으로 체득됩니다.

기술의 지식들은 이런 암묵적 지식의 형태로 존재하는 경우가 많습니다. 기술적 인공물을 만들고 절차를 마련해가는 과정에서 실제 몸을 움직여 얻어야 하는 지식들이 많다는 것도 그 이유 중 하나지만, 기술적 지식들이 개별 사례별로 발달해왔다는 점에서도 그 이유를 찾을 수 있습니다. 기술의 지식은 기술이 적용되는 조건과 환경이 달라지면 그 기술을 적용하는 방식도 달라지는 경우가 많기 때문에, 그 조건과 환경에 따른 개별 지식이 중요합니다. 그런데 개별 지식은 그것을 정리하는 일이 효율적이지도 않고, 지식으로서 전달 효과도 떨어지기 때문에 명백한 형태의 지식으로 정리해야 할 필요성이 상대적으로 낮았습니다. 기술의 전수에서 강의실이 아닌 작업장workshop이 강조되고, 책이 아닌 도제식 교육이 강조되는 것은 바로 기술의

지식이 지니는 이런 특징에서 비롯된 것으로 볼 수 있습니다.

암묵적 지식은 과학에서도 중요합니다. 실험실에서 실험 기구를 능숙하게 다루는 지식들 중 상당 부분은 암묵적 지식의 형태인 경우가 많습니다. 수학 공식과 같이 그 의미가 분명해 보이는 이론적 지식조차도 그것을 온전히 이해하려면 암묵적 형태의 지식까지 포함해야 합니다. 하지만 과학의 지식은 보편성을 추구하는 특성상, 기술에 비해 암묵적 지식의 비중이 낮습니다.

기술의 지식이 갖는 또 다른 특성으로 **기술의 지식은 어떤 일을 수행하는 데 필요한 절차를 요약한 절차적 지식의 성격을 띤다는 점을 들 수 있습니다.** 이는 과학의 지식이 명제적 형태의 지식인 것과 대비되는 특징입니다. 설계도나 조립도는 기술의 절차적 지식을 시각적인 형태로 요약한 것이라고 할 수 있습니다.

과학과 기술의 차이점은 무엇일까

기술과 과학은 겉보기에 매우 비슷해 보이지만, 앞서 살펴본 것처럼 그 목적이 근본적으로 다르고, 방법이나 지식의 특성과 같은 측면에서도 구분되는 활동임을 알 수 있습니다.

과학과 기술의 이런 관계를 쌍둥이 거울 이미지twin mirror image에 비유할 수 있습니다. 과학과 기술은 서로 거울에 비친 쌍둥이처럼 비슷한 모습을 가지고 있습니다. 하지만 거울에 비친 모습을 자세히 살펴보면 거울에 비친 상은 그 좌우가 바뀌어 보이듯이, 과학과 기술도 상반되는 특징을 가지고 있습니다. 이런 상반된 특징의 하나는 과학이 앎을 추구하는 반면, 기술은 실행을 추구한다는 점입니다. 또한 과학에서는 추상화·일반화·이론화가 중요한 반면, 기술에서는 기구와 지식의 응용을 중시한다는 점도 상반된 특징이라 할 수 있습니다.

과학과 기술의 관계에 대한 통념은 무엇일까

이처럼 기술과 과학이 목적과 방법 그리고 지식의 특성에서 차이를 보인다고 할지라도, '과학기술'이라는 말에서 볼 수 있듯이 기술과 과학을 동일시하거나, 동일시까지는 아니더라도 과학과 기술이 서로 밀접하게 연결되어 있다는 생각이 널리 퍼져 있습니다. 이에 과학의 발전을 기술의 발전과 동일시하거나 그것들이 서로 인과관계에 있는 것처럼 보기도 합니다. 이제 이러한 입장의 연원을 살펴봄으로써 그 입장이 무엇을 대변하고 있는지를 알아보겠습니다.

'과학이 발전하면 기술도 발전한다'며 과학과 기술을 인과관계로 보는 입장 중 대표적인 것으로 생산라인assembly line 이론을 들 수 있습니다.

이 이론은 제2차 세계 대전이 끝난 1945년 직후부터, 미국의 과학 정책가들을 중심으로 채택된 입장입니다. 이에 따르면 과학과 기술의 관계는 생산라인의 시작과 끝처럼 연결되어 있습니다. 마치 생산라인의 시작 부분에 원자재를 투입하면 라인의 끝부분에서 완제품이 생산되는 것처럼, 과학을 투입하면 그 결과로 기술이라는 완제품이 만들어지는 것입니다.

생산라인 이론은 제2차 세계 대전 중에 이루어진 원자폭탄 개발을 통해 인상적으로 입증되었습니다. 당시 응용 가능성을 전혀 염두에 두지 않고 있던 핵분열 이론이 기술의 최정점에서 원자폭탄의 완성으로 이어진 것입니다. 생산라인 이론에서는 기술을 응용과학으로 파악합니다. 전자기술은 전자기학이, 철강기술은 재료과학이 응용된 사례에 해당합니다. 이 입장에서는 열역학의 발전은 디젤 엔진

의 발전을 이끌고, 고체물리학의 발전은 반도체 기술의 발전을 이끌며, 분자생물학의 발전은 유전공학의 성과로 이어진다고 봅니다.

생산라인 이론은 기술을 발전시키려면 기초과학을 우선 발전시켜야 한다는 주장으로 연결됩니다. 대표적으로 미국과학재단National Science Foundation; NSF의 설립 철학을 제공한 미국 과학 정책가 바네바 부시Vannevar Bush의 『과학, 끝없는 프론티어』가 이런 입장을 대표하고 있습니다. 제2차 세계 대전 이후 세계 각국은 과학, 그중에서도 기초과학에 대해 정부 지원을 강화하였습니다. 과학과 기술을 인과관계처럼 보는 생산라인 식의 입장은 기초과학을 위해 기술을 동원했다고 볼 수 있습니다.

과학과 기술의 관계는 어떻게 변화할까

지금까지 살펴본 것에 따르면 기술과 과학은 거울에 비친 쌍둥이처럼 비슷해 보이지만 그럼에도 근본적인 차이를 갖고 있습니다. 둘 사이의 유사성으로 인해 '과학이 발견하고 기술이 이를 응용한다'는 식의 생산라인 이론이 등장하기도 하고, 이것이 기초과학에 대한 정부의 강력한 지원의 근거가 되기도 했지만, 과학과 기술은 그 유사성만큼이나 명확하게 독자적인 영역을 차지하고 있습니다.

독자적인 영역을 차지하고 있던 과학과 기술이 접점을 이룬 사례는 19세기 말부터 폭발적으로 늘어나고 있습니다. 19세기 말 화학공학과 전기공학이 가져온 제2차 산업혁명은 과학과 기술이 만날 때 나타나는 시너지 효과를 입증해주는 것처럼 보였습니다. 1970년대 DNA 재조합 실험 이후 유전공학이 등장하고 1990년대 이후 나노과학이 나노기술로 이어지면서 과학과 기술 간 그리고 학문 연구와 상업화 간의 간격은 많이 좁혀졌습니다. 과학 연구를 통해 얻은 결과물은 개발 과정 없이 곧바로 특허 출원의 대상이 되고 있습니다. 이처럼 과학과 기술의 경계가 흐려짐에 따라 '기술과학technoscience'이라는 말까지 등장하고 있습니다.

과학과 기술의 경계가 흐려지는 추세는 장기적으로 계속될 것입니다. 과학 연구를 대표하는 공간인 대학에서의 상업화는 1980년대 이래 지속되고 있고, 최근 전 세계적인 경기 악화는 이런 추세를 역전시킬만한 여지를 점점 줄이고 있습니다. 1950년대 이래 기초과학에 대한 지원을 정당화했던 냉전이라는 정치적 논리도 1990년대에 들면서 약화되었습니다. 이런 상황에서 경기 악화는 과학 연구를 지원하는 이유가 무엇인지에 대한 사회적 정당화 요구를 강화시킵니다. 실제로 미국의 기초과학 지원을 담당하는 미국과학재단NSF은 2002년부터 해당 연구의 사회적 영향력을 명시하지 않은 지원서는 연구의 우수성에 관한 평가 과정을 거치지도 않고 반송하고 있습니다. 과학 연구에서 유용성을 강조하는 이러한 흐름이 지속됨에 따라 과학과 기술 간의 경계는 점점 더 흐려질 것으로 전망됩니다.

기술의 독자적 영역은 무엇일까

과학과 기술의 관계에 대한 논의에서 종종 놓치는 것이 있습니다. 다수의 입장이 혁신 중심적인 관점에서 과학과 기술에 접근합니다. 즉 과학의 핵심은 새로운 발견에, 기술의 핵심은 새로운 발명에 있다는 생각입니다. 혁신 중심적 관점에서는 일상에서 이루어지는 기술 활동의 상당수를 놓치게 됩니다. 기술 활동의 상당 부분이 인공물의 유지와 관리에 집중되어 있고, 기술자 중에는 발명을 하는 기술자보다 유지·관리 활동을 하는 기술자들이 더 많습니다. 기술이 유지와 관리라는 역할을 충실히 하고 있을 때, 우리는 기술이 작동하고 있다는 사실을 종종 잊습니다.

혁신 중심적 관점은 최첨단 기술로 이목을 집중시킵니다. 그로 인해 우리를 둘러싼 수많은 물건들이 기술의 산물이라는 것을 잊게 만들기도 합니다. 책, 인쇄, 종이, 책상, 의자 등의 물건은 오래된 기술의 산물이자 현재도 진화하고 있는 기술의 인공물입니다. 혁신 중심적인 관점에서 벗어나 기술을 바라보면 과학과 연결되지 않은 기술의 영역을 볼 수 있습니다. 우리 주변을 둘러싼 대부분의 기술적 인공물은 과학적 발견이나 진보 없이도 기술적 전통 안에서 독자적으로 발전해왔습니다. 이런 점을 고려해볼 때 장기적으로는 기술과 과학의 경계가 흐려질 것이지만, 그 흐려짐은 경계에 국한될 뿐, 과학과 구분되는 기술의 독자적 영역은 계속 유지될 것입니다.

과학과 기술은 미래 사회에서 어떤 역할을 할까?

과학과 기술의 정신은 무엇일까

오늘날 과학과 기술은 물질적 풍요나 경제 발전과 밀접하게 연결되어 있지만, 과학과 기술의 가치는 물질적인 측면에 국한되지 않습니다. 과학과 기술은 한 사회의 합리성과 효율성의 척도입니다.

과학은 근대적 합리성을 이룬 기반입니다. 근대적 합리성이 형성되던 18세기 계몽주의 시대에 과학은 인간 이성을 계몽하는 도구이자, 토론을 통해 합의에 도달하는 이상적인 사회의 모델로서 합리성의 가치를 상징하게 되었습니다. 지난 세기 근대적 합리성에 대한 반성의 연장선상에서 과학이 비판받았던 이유가 바로 여기에 있습니다. 한편 기술은 효율성을 상징하며, 절차의 체계화와 기계화를 통해 신속하고 정확하게 일을 처리하기를 추구합니다.

과학과 기술의 교육 및 대중화는 과학과 기술의 지식을 전달하는 데에만 그 목적이 있는 것이 아닙니다. 지식을 전달함으로써 그 안에 담긴 합리성과 효율성의 정신을 전달하려는 목적이 있습니다. 다른 분야와는 달리, 유독 과학기술 분야에 한해서만 정부가 대중화를 정책으로 채택하는 이유가 바로 여기에 있는 것입니다.

과학과 기술은 사회문제를 해결할 수 있을까

과학과 기술을 한편에, 다른 한편에 사회를 놓았을 때 그 양쪽의 관계에 대해서는 그동안 다양한 논의가 이루어져왔습니다. 19세기 과학이 전문화되는 과정에서 과학은 사회와 분리되어 있고, 과학에는 과학의 발전을 이끌고 조절하는 자율성이 있다는 믿음이 확산되었으며 이 믿음은 최근까지 지속되고 있습니다. 기술은 경제적 요소의 영향을 많이 받기 때문에 과학에 비해 상대적으로 사회와 분리된 영역이라는 생각이 강하지 않았으나, 기술의 빠른 발전 속에서 기술이 스스로의 발전 방향을 결정하고, 심지어 사회의 발전 방향까지 결정한다는 생각이 확산되기도 했습니다.

과학과 기술이 사회로부터 분리된 독자성을 가진다는 주장은 과학과 기술이 경제 발전의 역할을 충실히 수행하는 동안에는 별다른 이의 제기를 받지 않았습니다. 그러나 20세기 후반 환경 오염, 기후변화 등 과학기술로 인한 사회문제가 대두함에 따라 통렬한 비판에 직면하였습니다. 독자성을 강조하는 주장이나 사회적 영향에 대한 무관심이 과학기술의 부작용을 낳았다는 것입니다.

21세기에는 과학기술과 사회의 연관성이 강조되고 있습니다. 과학기술과 사회의 관계를 서로 대등한 수준에서 영향을 주고받는 관계로 보는 것에서 더 나아가, 과학과 기술을 사회 속에서 이루어지는 사회적 활동의 하나로 축소시켜 바라보는 흐름이 이어지고 있습니다. 이에 따라 21세기 과학과 기술에서는 사회적 책임을 다하는 과학과 기술, 또는 사회문제 해결을 위한 방안으로서 과학과 기술의 역할이 점점 더 커지고 있습니다. 경제와 산업 발전의 동력으로서의 역할을 넘어 국민 삶의 질 향상이라는 더욱 원대한 목표를 달성하는 역할이 필요해진 것입니다. 특히 고령화, 환경과 에너지 문제, 보건 및 의료 문제, 식품 문제 등이 중요한 사회문제로 대두됨에 따라 이를 해결해줄 과학기술의 연구 및 개발이 더욱 중요해졌습니다.

사회문제 해결형 과학기술은 다음과 같은 몇 가지 특징을 지닙니다. 우선, 사회문제 해결형 과학기술 연구는 문제해결형 융합을 통해 이루어집니다. 환경, 에너지, 고령화, 식품 등의 사회문제는 과학기술의 특정 분야, 혹은 과학기술에만 국한된 문제가 아닌 복합적인 문제이므로 과학기술만 가지고는 해결하기 어렵습니다. 우리 사회가 당면한 문제는 인문학, 사회학 및 법·제도 등과 과학기술의 융합을 통해서만 온전히 해결될 수 있습니다. 그 다음으로, 사회문제 해결형 과학기술 연구에서는 수요자 위주의 연구·개발이 이루어져야 합니다.

과학과 기술이 만드는 미래 사회의 모습은 어떠할까

과학기술이 만드는 미래 사회는 과학기술 유토피아와 과학기술 디스토피아의 두 관점에 따라 상반된 모습으로 그려집니다. 과학기술 유토피아의 관점은 인간 삶과 사회를 개선하고 발전시키는 과학기술의 역할을 강조합니다. 과학기술로 질병을 정복하고 인간 생명을 연장한 사회, 생산량을 증대하여 모두가 잘 먹고 잘사는 사회, 정보에 대한 접근이 평등해진 사회 등이 바로 과학기술 유토피아적 전망이 그려내는 사회입니다. 일찍이 17세기 영국의 철학자 베이컨F. Bacon이 『새로운 아틀란티스』에서 현대적인 과학기술과 연구조직을 갖춘 과학기술 유토피아를 그려냈을 정도로 과학기술 유토피아적 관점의 역사는 깁니다.

과학기술 디스토피아적 세계관도 뿌리가 깊습니다. 과학기술 디스토피아는 과학기술의 본말이 전도되어 인간이 과학기술의 노예

가 되고 과학기술이 자연을 파괴하며 환경 오염과 인류 사회의 멸망까지 가져올 수 있다는 부정적인 전망을 담고 있습니다. 파우스트 전설이나 셸리 M. Shelley의 『프랑켄슈타인』에서 과학기술 디스토피아적 세계관은 신에 대한 도전이라는 종교적 의미를 담고 있었지만, 20세기 들어 핵폭탄이나 환경 오염과 지구 온난화 등을 겪으면서 현실적인 공포로 자리 잡았습니다.

과학기술 유토피아나 디스토피아는 공상과학SF 소설이나 영화 속에 주로 등장하는 것 같지만, 과학기술 정책에서도 유용하게 사용되고 있습니다. 과학기술 정책 기관들은 미래예측 보고서에서 유토피아적 상상력을 발휘하여 미래 유망 기술을 선정하고 그것이 바꾸어갈 미래 사회를 예측합니다. 디스토피아적 상상력은 기술영향평가에서 영향력을 발휘하여 5~10년 정도의 가까운 미래에 첨단 기술이 낳을 수 있는 명과 암을 예측하는 데 종종 이용됩니다. 이렇듯 오늘날 유토피아적 혹은 디스토피아적 과학기술 세계관은 점성술사들이 그러했듯 미래를 예언하는 데 이용되는 것이 아니라, 미래를 만들어간다는 능동적인 의미에서 활용되고 있습니다.

제9장

미래 사회를 위한 과학

◇

미래를 예측하는 가장 좋은 방법은
미래를 만드는 것입니다.

◇

경영학자 피터 드러커
Peter Ferdinand Drucker
1909~2005

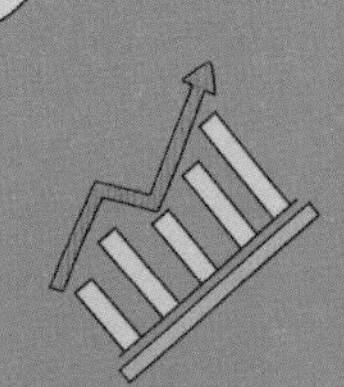

미래 사회는 우리가 가지고 있는 현재의 과학기술과 사회적 관심을 바탕으로 만들어나가는 것입니다. 그렇기 때문에 피터 드러커는 "미래를 예측하는 가장 좋은 방법은 미래를 만드는 것"이라고 말했습니다. 지금 우리가 살고 있는 세상에서 해결해야 할 문제가 무엇인지를 찾아내고, 현재 도달해 있는 과학기술 역량을 파악한 다음 우리가 지향하는 세계를 향해 과학기술 역량을 펼쳐나감으로써 세계를 바꾸어가는 것, 그것이 미래 사회의 과학을 예측하는 가장 정확한 방법이 될 것입니다.

이 장에서는 미래 사회의 거대한 흐름을 보여주는 메가트렌드에서 출발하여 미래에 등장하게 될 기술과 그것이 변해나갈 방향을 우리의 의식주와 의료, 사회의 소통과 이동 기술, 세계 공동의 현안과 그 대응이라는 측면으로 나누어 짚어봅니다.

미래를 바꾸는 메가트렌드

메가트렌드란 무엇일까

메가트렌드Megatrends*란 거대한 흐름이나 변화를 뜻합니다. 특히 현대 사회에서 일어나고 있는 시대적 변화나 흐름 중에서 가장 거대한 규모의 것들이라고 할 수 있습니다. 미래 사회의 과학기술이 해결해야 할 문제, 혹은 그 지향점이 무엇인가를 파악하기 위해서는 현대 사회가 변화해나가는 큰 방향성을 먼저 파악해야 할 것입니다. 이에 오늘날의 메가트렌드를 분석하여 미래 사회에 과학기술이 해결해야 할 문제가 무엇인지를 파악해보겠습니다.

* 메가트렌드는 미래학자 나이스빗J. Naisbitt의 저서 『메가트렌드』에서 유래했습니다.

한국의 인구 감소는 어떤 영향을 미칠까

세계 인구는 꾸준히 증가하고 있습니다. 이와 같은 추세라면 2050년 무렵 세계 인구는 90억 명이 넘을 것으로 추산됩니다. 그러나 이와는 반대로 우리나라 인구는 줄어들 전망입니다. 현재 5100만 명이 조금 넘는 우리나라 총인구는 약 5300만 명 정도까지 증가하였다가 감소세로 돌아서 2050년에는 지금보다 줄어들 것으로 예상됩니다.

낮은 출산율에 기대 수명 증가의 영향으로 2020년대 중반 이후에는 65세 이상 노인 인구의 비율이 20%를 넘어 초고령 사회로 진입할 것입니다. 유엔의 기준에 따르면 노인 인구의 비율이 7%일 때 고령화 사회, 14%일 때 고령 사회, 그리고 20%일 때 초고령 사회에 진입하게 됩니다. 초고령 사회에서는 생산 인구는 감소하고 노인 부양 비율이 급증하기 때문에 이 문제를 해결할 방법을 모색해야 할 것입니다.

기후변화는 어떻게 해결해야 할까

산업혁명 이후 인류는 석탄과 석유 등 화석연료를 대량으로 사용하면서 인간은 이산화탄소를 꾸준히 배출해왔습니다. 화학산업이 발달한 19세기 이후에는 다양한 화학물질들을 배출했습니다. 이렇게 지구의 대기에서 그 비중이 늘어난 가스 중에는 지표면의 복사열을 흡수해 대기의 온도를 높게 유지하는 기능을 하는 온실가스가 있습니다. 이로 인해 마치 지구의 대기가 온실 안의 공기처럼 더워지는 현상을 온실효과라고 합니다.

이렇게 지구의 평균 기온이 상승하는 지구 온난화로 인해 지구 전체의 생태계가 큰 변화를 맞이하고 있습니다. 우리나라는 기후변화나 해수면 상승의 폭이 세계 평균보다 더 큰 편에 속합니다.

기후변화는 단순히 온도의 상승에 그치는 것이 아니라 다양한 위험이나 문제를 초래합니다. 기상이변과 그에 따른 재해, 생태 환경 변화로 인한 동식물의 멸종, 해수면 상승이 가져오는 지표면 소실, 식량 수급의 불안, 질병 및 전염병의 발생 위험 증대, 국가 간 갈등 요소의 증가 등이 그 사례입니다.

전 지구적 기후변화에 대처하기 위해 국제 사회는 여러모로 협력을 모색해왔습니다. 그러나 각국의 이해관계가 충돌해 실효성 있는 대책을 내놓기까지는 오랜 시간이 걸려야 했습니다. 2016년 11월에 발효된 파리 기후변화협정은 지구 평균 온도 상승폭을 산업화 이전과 대비해 섭씨 2도 이하로 유지하자는 결의를 담고 있습니다. 우리나라도 이에 참여하기 때문에 온실가스 배출량을 2030년의 전망치를 기준으로 37% 감축해야 할 의무를 지고 있습니다.

에너지 및 자원 부족은 어떤 영향을 미칠까

전 세계에서 화석연료는 계속해서 줄어들고 있습니다. 채굴 기술의 발전으로 인간이 사용할 수 있는 화석연료는 과거보다 늘어났지만, 인류가 화석연료를 사용할 수 있는 시간은 많이 남지 않았습니다. 우리나라는 사용하는 에너지의 80%를 화석연료에 의존하고 있는데, 총에너지 자원의 90% 이상을 수입하고 있습니다. 따라서 세계의 에너지 수급 동향에 따른 경제적 타격을 크게 입을 수밖에 없습니다. 우리나라도 신재생 에너지 개발에 박차를 가하고 있지만 신재생 에너지 보급률은 1.4%에 불과해, OECD 평균인 6.7%에 미치지 못합니다. 에너지 부족과 자원 고갈이 심화될 경우 우리나라는 그 직격탄을 맞을 수 있습니다.

융합기술은 어떻게 발전할까

지금까지의 메가트렌드가 전 지구적 규모에서 인류가 맞닥뜨리고 해결해나가야 할 과제에 가까웠다면, 융합기술은 인간 지식이 발전해나갈 양상에 해당됩니다.

최근 과학과 기술의 각 분야에서는 학제 또는 학문 분과의 벽을 허물고 다른 분야와 교류하고 융합함으로써 새로운 계기를 마련하려는 경향을 보이고 있습니다. 정보기술IT, 바이오기술BT, 나노기술NT, 문화기술CT, 에너지기술ET 등은 기존 학문이나 산업에 따른 구분에 갇히지 않고 서로 융합되고 있습니다. 어떤 한 분야의 발전이 다른 분야로 확산되기도 하고, 한 분야에서 풀지 못한 난제에 대해 다른 분야에서 새로운 해법을 제공하기도 합니다.

융합기술은 초고속 정보망 구축과 인공지능, 사물인터넷 개발 등에 적용되어 4차 산업혁명을 이끌고 있습니다. 이에 따라 인간과 인간, 인간과 사물, 사물과 사물이 네트워크로 연결되어 더욱 지능화된 사회로 나아가고 있습니다. 또 융합기술은 새로운 컴퓨터를 탄생시켜 시대를 선도하게 할 것입니다. 현재의 전자식 컴퓨터는 광컴퓨터, 양자컴퓨터, 바이오컴퓨터로 계속해서 변화해나갈 것으로 예측됩니다. 특수처리한 레이저의 빛을 이용해 광학 시스템으로 신호를 처리하는 광컴퓨터, 미시세계에서 한 지점에 여러 개의 상태가 중첩될 수 있는 양자중첩 현상을 이용하는 양자컴퓨터, DNA와 RNA 등의 고분자 바이오 물질을 정보 저장 및 연산 매체로 사용하는 바이오컴퓨터 등이 개발될 것입니다. 이를 통해 초고속 정보처리가 가능해지면 4차 산업혁명의 물살은 더욱 빨라질 것입니다.

미래의 의식주와 의료

미래의 친환경 의류는 어떠할까

환경 오염, 기후변화, 에너지 부족에 따라 미래 사회에서는 친환경 의류에 대한 요구가 증가합니다. 천연섬유, 폐자재를 가공한 재활용 섬유, 생분해 섬유 등과 같은 친환경 소재를 활용한 의류를 만들어 환경에 미치는 영향을 최소화하려는 노력이 이루어질 것입니다. 친환경 디자인의 측면에서는 다양한 스타일을 연출할 수 있는 다기능 디자인을 통해 의류의 활용도를 높이고, 원단 폐기물을 최소화하는 디자인을 개발할 것입니다.

에너지 소비를 줄이는 기능성 섬유의 개발이 가속화될 전망입니다. 현재 개발 중인 기능성 섬유로 땀 흡수 및 건조가 빠른 섬유, 자외선UV 차단 섬유, 접촉 냉감 섬유, 저탄소 배출 섬유, 수분 반응을 통해 섬유의 길이 변화가 나타나는 인지기능 섬유 등을 들 수 있는

데, 2050년 미래 사회에서는 이러한 기능성 섬유의 사용이 좀 더 보편화될 것입니다.

또한 웨어러블 디바이스wearable device의 발전에 따라 의복과 정보통신 기술을 결합한 스마트 의류가 확산될 전망입니다. 스마트 의류는 전도성 특수 소재나 초소형 IC칩 등을 이용하여 센서, 네트워크, 제어, 저장, 신호처리 등을 할 수 있습니다. 예를 들어 헬스케어 기능이나 위치 기반 서비스 등 스마트 기기의 다양한 기능을 의복에 결합시킨 스마트 의류를 활용하면 착용자의 심장 박동 수와 체온 등을 감지할 수 있을 뿐만 아니라 네트워크를 통해 이 정보를 의료진에게 보내어 원격진료 데이터를 수집할 수도 있습니다.

스마트 의류는 전자섬유 기술의 발달과 함께 발전하고 있습니다. 실 형태의 전도성 섬유의 개발로 전자섬유 회로 설계, 전자섬유와 IT 기기의 접목이 이루어지고 있습니다. 전자섬유를 활용한 섬유 트랜지스터, 압전 온도 센서, 섬유 디스플레이 등의 연구도 진행되고 있습니다. 새로운 섬유 소재 개발을 통해 에너지 발전이나 저장 방안도 연구하여 섬유형 에너지 발전 및 저장 복합소재, 직물형 태양 전지 개발도 진행하고 있습니다.

미래의 음식은 어떻게 바뀔까

기후변화에 따라 우리나라의 남부지역과 해안지역이 아열대 기후대로 변화할 것으로 예측됩니다. 이에 따라 농작물의 주산지도 이동할 것입니다. 망고, 키위, 감귤 등 고온성 작물의 재배 가능지역이 확대되고 열대과수 재배가 가능해질 것입니다. 하지만 한반도 이남에서 사과 재배는 힘들어질 것입니다. 지구 온난화와 대기 중 탄소 증가가 지속되면 작물 수확량 감소, 채소 및 과수의 생육 지연과 품질 저하가 나타날 수도 있습니다. 기온 증가로 인한 병해충 발생, 생물다양성 변화, 수자원 변화 등도 예상됩니다.

이러한 기후변화에 대응하여 새로운 식량 생산 방식과 스마트 기술을 도입하면서 미래 사회의 식량 생산 방식에 변화가 나타납니다. 거름 · 제초용 로봇의 보편화, 스마트 더스트(초소형 센서)를 활용한 온습도 · 빛 · 이산화탄소 정보 수집 및 조절이 가능한 원격농업 등 스마트 기술이 농업에 적극적으로 도입됩니다. 식물공장을 통한 공장제 생산 방식, 물 부족에 대처하는 해수 농업, 더 나아가 우주 농업으로까지 식량 생산의 장소가 변화해 나갑니다. 줄기세포를 이용한 배양육 생산, 유전자 변형을 통해 질병 예방이나 건강관리 기능을 강화한 농산물 생산의 확대도 나타날 것으로 보입니다.

정보기술IT, 바이오기술BT, 나노기술NT의 융합으로 농축산물 가공 기술도 진일보할 것 입니다. BT와 식품 가공 기술의 융합을 통해 특정 질병이나 용도에 맞는 맞춤형 기능성 식품 생산이 이루어지고, 생리 활성 물질을 추출해서 정제하는 기술도 발전합니다. NT는 식품의 오염도를 나노 수준에서 감지하는 나노센서 기술의 발전을 가져옵니다. IT와의 융합기술로 맛이나 냄새를 감지할 수 있는 생화학센서가 개발되어 식품 신선도의 실시간 확인도 가능합니다. 또한 IT로 식품 유통 과정을 단축하여 식품 유통의 효율성이 높아질 것으로 예상됩니다.

한편 식량 생산 기술의 획기적 발달과 함께 식품 안전성에 대한 요구도 커질 것입니다. 특히 유전자 변형 식품 기술의 발달로 미래 사회에는 기능성 유전자 변형 식품이 대거 등장할 것으로 예상됩니다. 특정 질병 예방을 위한 식품 등이 그에 해당할 것입니다. 그와 동시에 현재도 제기되고 있는 유전자 변형 식품의 안전성에 대한 의심은 당분간 지속될 것으로 보입니다. 이 밖에 광우병이나 조류독감 등 질병 전염의 공포, 방사능 오염 식품에 대한 공포 등으로 인해 식품 안전성과 관련된 문제들이 계속해서 제기될 것으로 예상됩니다. 우리나라는 수입 농축산물에 대한 의존도가 높으므로 검역 체계의 강화 및 해당 기술의 발전이 같이 이루어질 필요가 있습니다.

식량 수입 의존도가 증가함에 따라 식량 안보의 문제도 제기됩니다. 우리나라는 미국·호주·중국 등 외국에 대한 식량 의존도가 큰 편이므로, 기후변화로 식량 수급의 불안정성이 커짐에 따라 식량 안보가 더욱 현실적인 문제로 부각될 전망입니다.

식량 부족이 생산의 문제가 아니라 분배의 문제에서 기인한다는 점도 계속해서 제기되고 있는 문제입니다. 식량 증산을 위한 기술적 해결책뿐만 아니라 공정한 분배를 위한 사회적 해법도 동시에 모색해야 할 것으로 보입니다. 특히 통일 전후 한국 사회는 북한의 식량 부족을 해결하기 위한 기술적·사회적 해법을 찾을 필요가 있습니다. 오랜 기간 식량 부족에 시달린 북한 주민과의 공정한 분배를 위한 방안을 찾아야 할 것입니다.

미래의 거주는 어떤 형태일까

미래에는 교통기술의 첨단화, 에너지 부족과 기후변화 등으로 현재와는 다른 형태 및 기능의 도시가 등장합니다. 에너지 부족과 기후 변화에 대응하여 고밀 주거 방식을 개발하고 직장과 주거지의 거리를 좁혀 자동차 수요 및 통행거리를 줄이는 압축도시compact city, 태양열·지열·풍력을 활용하여 자체적으로 에너지를 생산하거나 순환 메커니즘을 이용하여 에너지와 자원 활용도를 높이는 에너지 고효율 도시 및 저탄소 도시가 새로운 도시 형태로 발전할 것입니다.

도시와 농촌의 구분은 점차 사라지고 생산과 소비가 한 장소에서 이루어집니다. 그 한 가지 방식으로 도시의 고층 빌딩에서 태양광과 LED를 이용하여 연중 친환경 농작물을 재배하는 수직 농장vertical farm이 발달할 것입니다. 기후변화로 인해 수면이 상승하여 가용 토지가 감소할 것으로 전망됨에 따라, 지구 전체 면적의 70% 이상을 차지하는 바다가 새로운 도시 공간으로 개발될 것입니다. 이에 따라 수상 및 수중 건축물을 활용한 부유하는 도시floating city도 등장하게 될 것으로 보입니다. 첨단 정보통신 인프라와 사물인터넷의 결합으로 지능형 도시로의 발전은 가속화될 전망입니다. 공공시설물의 원격 관리, e-거버넌스, 인공지능을 적용한 재난·재해 예방 및 대처 등 스마트 시티의 발전이 예상됩니다.

새로운 형태의 도시와 더불어, 2050년 미래 사회의 주거 공간은 사물인터넷과 인공지능 그리고 로봇기술이 결합된 스마트 주택, 에너지 효율을 극대화한 제로에너지 주택이 될 것입니다. 우선, 스마트 주택은 무선 기술을 이용한 1세대와 가전제품을 관리하는 인공지능을 적용한 2세대를 넘어 인간과 교류하는 가정용 로봇이 도입되는 3세대로의 진화가 예견되고 있습니다. 이에 따라 노인이나 장애

인 등의 생활 편의 및 건강을 관리하는 스마트 로봇, 원격의료 등 스마트 기술이 주택 설계에 도입될 것입니다.

다음으로, 기후변화가 심화됨에 따라 에너지를 자급하는 제로에너지 주택도 등장합니다. 국가 온실가스 배출 총량의 1/4 정도가 건축물에서 나옴에 따라, 주거 공간의 에너지 효율을 높이는 것이 현재에도 시급한 문제입니다. 고효율 태양광 발전, 소규모 풍력 발전 등을 통한 자체 에너지 생산, 단열의 극대화를 통한 에너지 소비 최소화를 통해 에너지 자급이 가능해집니다. 또한 친환경 건축 자재 개발 및 공법 개발도 함께 이루어집니다. 미래 사회에서는 기술 개발을 통해 제로에너지 주택의 건축 및 유지비용이 낮아져 제로에너지 주택의 실용성이 높아질 것으로 전망됩니다.

또한 기후변화가 극심해짐에 따라 태풍, 집중 강우, 한파의 빈도와 강도가 강해지고 그로 인한 주거지 피해가 빈번하게 발생하고 있습니다. 2016년 일어난 경주 지역 지진으로 주택 안전에 대한 관심도 커지고 있습니다. 홍수해, 지진, 화재 등 각종 재해에 대비하고 거주자의 생명을 보호할 수 있는 견고한 주택에 대한 요구가 점증할 것으로 보입니다. 새로운 건축물의 내진 설계, 기존 건축물의 내진 설계 강화 방안, 홍수해에 대비할 수 있는 배수 구조, 화재 경보 및 화재 진압 장치 등 건물의 안전성을 강화하는 기술의 개발이 예상됩니다.

의료와 헬스케어는 어떻게 될까

의료의 패러다임이 변하고 있습니다. 아픈 사람의 질병을 치료하는 좁은 의미의 의학science of medicine에서 전체적으로 건강하고 행복한 상태를 유지·관리하는 넓은 의미의 헬스케어art of healthcare로 진화하고 있습니다. 헬스케어는 하얀 가운을 입은 의료인들이 수행하는 전통적인 치료 및 의료행위 외에도 재택 간호, 음악 치료, 마사지 등 건강 유지와 관련된 유사 의료행위도 포괄합니다. 이렇게 볼 때 의료의 관리 대상은 신체적·정신적 상태와 같은 생리학적 요소뿐만 아니라 환경이나 생활 습관, 나아가 의료시스템 등 사회 제도적인 요인도 포함합니다. 이러한 패러다임의 진화 속에서 의료가 차세대 경제 성장 동력이자 국민의 먹거리 산업으로 자리매김할 것입니다.

의료의 산업화는 어떻게 이루어질까

아픈 환자의 건강과 생명은 돈벌이의 대상이 아닙니다. 의료는 기본적으로 제조업이 아닌 서비스업이기에 의료의 산업화는 흔히 의료서비스의 산업화와 동일시되는 경향이 있습니다. 이때 의료서비스를 의료행위로만 국한하게 되면 의료 산업화는 영리 의료 시비와 더불어 이념 논쟁으로 번지면서, 더 이상 산업화의 대상이 아닌 사회 보장이나 복지의 도구로만 위치하게 됩니다. 미래에 의료가 건강과 행복을 총괄 관리하는 헬스케어로 확대·발전하는 것을 고려할 때, 의료 산업화의 논의는 의료행위 영역에서 인간 존엄과 가치를 훼손하지 않도록 주의하면서 헬스케어의 나머지 요소들을 산업으로 발전시키는 방향으로 나갈 필요가 있습니다.

4차 산업혁명으로 의료는 어떻게 변화할까

4차 산업혁명의 최대 수혜 분야는 의료가 될 것입니다. 초연결 기술의 발전으로 물리학과 생물학의 융합을 꾀하면서 이미 의료 분야에서 상상을 초월하는 변화가 일어나고 있습니다. 의학의 파괴적 혁신을 가져오는 이런 변화는 '청진기가 사라진다.'라는 표현에 상징적으로 나타납니다. 이는 의료서비스의 커다란 변화를 예고하는 동시에 새로운 산업 성장 동력에 대한 메시지를 주는 것으로, 사물인터넷·빅데이터·인공지능·클라우드는 물론 3D 바이오 프린팅·의료 로봇·바이오헬스·스마트 의료 등이 미래 의료기술을 예측하는 핵심 키워드로 떠오르고 있습니다.

환자 진료에서도 빅데이터를 활용한 개인 맞춤형 정밀 의료의 실용화, 인공 지능을 활용한 진단 및 치료 방향 설정, 사이버 물리 시스템을 통해 질병 및 건강 정보를 공유하는 글로벌 플랫폼 등이 도래할 것입니다. 이는 의료서비스 공급자인 의사, 간호사, 약사 등의 역할과 기능을 대폭 변화시킬 뿐만 아니라 일부 직능은 컴퓨터와 인공지능이 대체하면서 사라지게 만들 것입니다.

과학기술은 의료에 어떤 영향을 미칠까

의학은 어떤 면에서 인문학입니다. 의학은 사람을 탐구하는 학문으로, 의료의 기본은 인간의 존엄성과 행복을 추구하며 인류를 건강하고 오래 살게 하는 것입니다. 따라서 미래 의료는 수명의 단순한 연장이 아닌, 삶의 질과 양이 균형을 이루는 방향으로 발전할 것입

니다. 과학기술이 의료행위와 지식을 대체하면 할수록 의료인은 더 더욱 따뜻한 감성과 지성을 갖추는 것으로 경쟁력을 갖는 세상이 올 것입니다.

새로운 과학기술의 융합뿐만 아니라 저출산 고령화에 따른 생산 인구의 감소, 기술의 노동 대체에 따른 고용 없는 저성장 등도 4차 산업혁명을 촉진할 것입니다. 특히 첨단 디지털 바이오헬스 산업은 부의 편중과 사회적 양극화 및 고용 없는 성장 등을 부작용으로 예고하고 있습니다. 의료는 산업적인 요소 및 공공적인 요소, 사회 안전망 유지 기능 등을 복합적으로 가지고 있는 영역으로서 이러한 부작용을 최소화해주는 도구로도 활용될 것입니다.

미래의 소통과 교통수단

초연결사회의 소통은 어떻게 이루어질까

4차 산업혁명으로 인한 초연결사회의 도래에 따라 미래 사회는 지금보다 훨씬 더 다층적으로 네트워크화될 것입니다. 이미 우리 사회에서는 사람과 사람 간의 소통을 넘어 사람과 사물 간의 소통, 사물과 사물 간의 소통이 일어나고, 그 기반에는 스마트 기기들이 놓여 있습니다. 현재 각 가정에 있는 스마트 기기들은 가족 구성원의 수를 넘어서는 경우가 많습니다. 미래 사회에서는 1인당 소유하는 스마트 기기의 수가 현재에 비해 몇 배 더 증가할 것입니다.

뇌-기계 인터페이스란 무엇일까

미래 사회에서 소통의 가장 큰 변화는 글과 말을 이용한 언어적 소통의 비중이 줄어든다는 점입니다. 뇌-기계 인터페이스 기술의 발달에 따라 뇌파를 이용한 기계 제어가 가능한 시대가 도래할 것입니다. 생각만으로 TV 채널을 바꾸고, 컴퓨터 검색을 할 수 있고, 전자 제품을 작동할 수 있습니다. 뇌-기계 인터페이스의 발달은 인간 대 인간의 소통 방식에도 큰 변화를 가져올 수 있습니다. 언어적 소통 없이 뇌에서 뇌로 직접 정보 전달이 가능해질 것입니다.

뇌-기계 인터페이스 기술에 의한 비언어적 정보 소통이 활발해짐과 동시에 언어를 통한 감성적 소통에 대한 열망도 커질 것으로 보입니다. 즉 1인 가구가 증가하고 초고령화 사회가 됨에 따라 정서적 나눔에 대한 욕구가 더욱 커질 것입니다. 인간과 감정을 교류하는 정서 로봇이 친구와 가족의 빈자리를 채워줄 것입니다. 증강현실 기술은 소통의 거리감을 소멸시켜, 멀리 떨어져 있는 친구나 가족과 마치 한곳에서 만난 것과 같은 소통의 기회를 제공할 것입니다.

디지털 소통의 시대는 어떻게 펼쳐질까

통번역 프로그램 개발은 현재에도 상당한 수준으로 진행되어 가까운 미래에는 외국어의 장벽이 소통을 가로막지 못하는 사회가 될 것입니다. 영어나 여타 외국어에 비해 한국어 번역률의 정확성은 아직 낮은 편이지만, 그 개선 속도가 점차 빨라지고 있는 추세로 볼 때 머지않아 한국어와 다른 외국어 사이의 완벽한 통번역이 가능해질 것으로 보입니다. 통번역 프로그램의 개발로 더 양질의 정보에 접근할 기회가 많아질 것입니다.

새로운 소통 기술의 등장은 역설적으로 소통의 단절을 초래할 수도 있습니다. SNS에 적응하지 못한 세대가 젊은 세대와의 소통에

애를 먹는 것처럼, 새로운 소통 기술에 접근하지 못한 사람들은 소통에서 배제될 가능성이 점차 높아지고 있습니다. 새로운 소통 기술에 드는 비용으로 인해 접근성이 제한될 경우, 이는 사회 계층 간의 불통으로 이어질 수도 있습니다.

또한 새로운 소통 기술이 폐쇄형 네트워크를 구성하여 사회의 파편화를 가져올 수도 있습니다. 동질의 구성원 간의 네트워크를 강화하는 한편 다른 의견을 가진 사람들과의 네트워크를 단절함으로써, 집단 간의 파편화가 나타날 수 있습니다. 이는 다양한 이견들이 만나 충돌하고 조율되기도 하는 자연스러운 소통을 막아 사회적 갈등을 심화하는 결과를 낳을 수 있습니다.

사이버 범죄는 어떻게 될까

네트워크화된 소통 기술이 프라이버시 침해, 사이버 범죄 등의 위험성을 가중시킬 수 있습니다. 사물인터넷 기술의 발달에 따라 사소한 가전제품에까지 개인의 다양한 정보가 축적되고, 외부에서 이 정보에 접근할 수 있는 가능성이 높아짐에 따라 이를 훔쳐 악용하는 사례가 증가할 수 있습니다. 디지털 저작권 침해나 사이버 명예훼손 등의 사례도 증가할 것입니다. 소통 기술에 사이버 범죄 방지를 위한 예방 기술을 도입함과 함께, 사이버 범죄에 대한 법적 정비와 윤리적 반성이 뒷받침되어야 할 것입니다.

초고속 교통수단은 어떻게 발전할까

미래의 교통수단은 지금보다 더 빠른 속도를 추구할 것입니다. 극

초음속 비행기는 램제트 엔진이나 스크램제트 엔진을 이용하여 음속의 수십 배의 속도를 낼 수 있을 것으로 보입니다. 현재 개발 중인 스크램제트 엔진의 상용화에 성공하면 장거리 비행시간을 획기적으로 감소시켜 서울에서 LA까지 2시간 안에 도착할 수 있습니다. 진공터널을 이용한 초고속 이동 시스템의 개발도 현재 진행 중입니다. 공기의 압축을 이용해 진공터널 속의 운반체를 빠르게 이동시키는 방법을 비롯하여, 진공터널로 물체를 이동시키는 다양한 기술을 개발 중입니다. 이런 초고속 이동 시스템을 개발하면 시속 1,000km가 넘는 빠른 속도로 이동할 수 있을 것입니다.

초고속 이동수단은 우주로까지 확대될 전망입니다. 화성을 비롯한 행성 간 유인 우주여행이 기술적으로 가능해질 것입니다. 달기지 개발이나 다른 행성기지 개발을 통해 행성 간 여행, 항성 간 여행의 중간 기착지가 마련될 것입니다.

자율주행 자동차는 어떤 변화를 가져올까

인간의 개입 없이 완전히 자율주행하는 자동차는 먼 미래가 아닙니다. 오늘날에도 초음파, 레이저, 라이다LiDAR 센서 등 근거리·장거리 센서를 개발하였고 카메라 영상과 결합하여 주변을 파악하는 기술의 분석력 및 정확성을 높이고 있습니다. 최신 도로 정보를 반영한 3차원 디지털 지도를 이용하여 차량에서 항상 최신 도로 정보를 이용할 수 있을 것입니다. 인공지능의 발전에 따라 자동차의 위치 파악과 그 주변에 대한 상황 판단은 더욱 정확해질 것입니다.

자율주행 자동차의 등장과 함께 자동 고속도로 시스템의 실현 가능성도

높습니다. 자동 고속도로 시스템은 고속도로에 들어선 자동차들이 고속도로 중앙 관제 시스템의 통제에 따라 자율주행하는 기술입니다. 자율주행과 중앙 관제 시스템의 결합으로 날씨나 주변 환경에 관계없이 안전한 운행이 가능합니다. 또한 더 많은 자동차가 동시에 운행하는 일이나 목적지에 따라 차선별로 분류하여 운행하는 것 등 더 효과적인 운행이 가능해질 것입니다.

자율주행 기술의 발전과 함께 법적·윤리적 논의도 동시에 이루어질 필요가 있습니다. 자율주행 자동차의 사고 발생 시 법적·윤리적 책임 소재가 어디에 있는가의 논란이 발생할 수 있으므로, 이에 관한 다양한 경험을 축적하고 사회적 논의도 벌여야 합니다.

친환경 교통수단에는 무엇이 있을까

친환경 기술 개발을 위해 자동차 연료가 변화하고 배출가스를 정화하는 기술이 발전할 것입니다. 태양 전지나 풍력 등 신재생 에너지를 이용하는 전기자동차가 개발될 것이고, 이를 위해 충전 시간이 짧고 용량이 큰 배터리 개발이 선행되어야 할 것입니다.

현재 개발되어 판매 및 시범 운영되고 있는 연료전지 자동차도 친환경 교통수단으로 미래 사회에서 환영받습니다. 연료전지 자동차는 수소가 수소이온과 전자로 분리된 후, 이 전자의 이동으로 전기를 생산하는 연료전지를 이용하는데, 배기물이 물이어서 환경 오염이 거의 없습니다. 연료전지 자동차의 상용화를 위해서는 수소 충전 인프라를 확대해나가야 합니다.

기후변화와 자원 부족의 극복을 위한 기술

국제적 차원에서 기후변화에 어떻게 대처해야 할까

기후변화와 환경 오염은 글로벌 차원의 영향력을 지닙니다. 1986년 소련의 체르노빌 사고로 유럽까지 방사능 물질이 퍼진 데 이어, 한국과 일본에서도 방사능 낙진이 검출된 것을 봐도 알 수 있습니다. 이렇듯 환경 문제의 원인은 국소적이더라도 파급력은 국제적이기 때문에 이에 대한 대응 또한 국제적인 협력을 통해 이루어져야 합니다. 최근 기후변화에 대한 국제적 대응 노력은 기후변화 방지 노력에 따른 경제적 차원의 보상을 부여하려는 추세입니다. 즉, 기후변화 예방 기술의 개발은 전 지구의 미래를 위한다는 도덕적인 명분 위에 경제적 효과라는 실리까지 더해지고 있습니다.

이전까지 기후변화 대응 노력이 기후변화를 유발하는 온실가스의 감축 및 흡수를 통한 기후변화 완화에 초점을 맞추었다면, 최근에는 기후변화에의 적응을 포함하는 방향으로 변화하고 있습니다. 기후변화의 위해에 노출되는 것을 막고 취약한 부분을 보완하는 조치들이 강화되고 있습니다. 다양한 의견 수렴이 가능한 의사결정 시스템, 자연재해 등 재난방지 시스템, 자연과 공존하는 공생 시스템을 갖추고, 생물다양성을 확보하는 등 기후변화로 인해 나타나는 위해에 대한 적극적인 대처가 기후변화에의 적응 방안으로 마련되고 있습니다. 물론 기후변화 문제의 해결에서는 기본적으로 온실가스 감축을 통한 기후변화의 완화를 출발점으로 삼고, 기후변화에 따른 적응을 모색하는 사이에 균형점을 찾아 효과적인 대응책을 찾는 것이 중요합니다.

국내외 자원 부족으로 인한 분쟁은 어떻게 해결할까

1970년대 오일 쇼크는 자원이 무기가 될 수 있다는 것을 절감하게 하였습니다. 전 세계 화석연료의 매장량이 점점 줄어들고, 구리 같은 금속 자원의 매장량도 감소함에 따라, 자원의 해외 의존도가 높은 우리나라에는 자원 부족으로 인한 위기가 닥칠 수도 있습니다. 역사적으로 자원 부족이나 자원 독점이 많은 국제적 분쟁을 낳았던 것처럼, 미래에도 자원 고갈이 국제적인 전쟁을 일으킬 위험성이 높습니다. 새로운 연료원의 개발, 고효율 추구, 자원 재순환 강화 등과 같이 자원을 개발하거나 효율적으로 사용하는 일이 점점 더 중요해질 것으로 전망됩니다.

화석연료 고갈과는 별도로, 물 부족 문제도 글로벌 차원에서 문제가 될 수 있습니다. 물 부족이 국가 간 분쟁을 일으킬 것이라는 전망이 끊이지 않는 데도 물 부족은 아직 현실적인 분쟁으로 나타나지는 않았습니다. 그럼에도 생명과 직결된 물의 중요성에 비추어 볼 때 효율적인 물 관리 및 담수 확보의 중요성은 미래 사회에서도 줄어들지 않을 전망입니다.

이와 관련하여 전 지구상 물의 97.5%를 차지하고 있는 **해수의 담수화 기술**이 미래 사회의 물 부족 문제를 해결하는 주요 기술로 이용될 것입니다. 인공 강우 등을 통해 국지적 물 부족 문제를 해결하는 것도 가능합니다. 전 세계 물 사용량의 70%를 차지하는 농업의 변화도 나타날 것입니다. 관개 기술의 개발과 함께 물 소비가 적은 새로운 농법 개발이 이루어집니다.

에너지의 안전성은 어떻게 확보할 수 있을까

전 세계 에너지 수요는 증가하는 반면, 2020년경 석유 생산이 정점에 도달할 것으로 보여 화석연료의 비용이 점점 더 상승할 것으로 예상됩니다. 에너지 고가화로 인해 경제적·사회적 비용이 증가함에 따라 신재생 에너지가 현실성 있는 대안으로 부각될 것입니다.

태양광·풍력·조력·지열·바이오매스 에너지 그리고 수소 에너지 등은 신재생 에너지로 주목받고 있습니다. 현재 신재생 에너지는 경제성과 효율성이 낮지만, 관련 기술의 발전으로 생산 비용이 낮아지고 에너지 고가화 시대로 접어들면 경쟁력을 갖추게 됩니다. 2050년경 우리나라의 신재생 에너지는 전체 에너지 수요의 20% 정도를 담당할 것으로 보입니다.

한때 원자력 에너지는 현실적인 미래 에너지로 각광받았으나

2011년 후쿠시마 사태 이후 원자력 발전소의 안전성이 심각한 사회문제로 대두됨에 따라, 미래 에너지로서의 전망은 불투명해졌습니다. 그에 비해 노후 원자력 발전소 관리, 원자력 폐기물 처리 등 원자력 발전소의 안전을 확보할 기술력이 더 중요해졌습니다. 우리나라는 국내에 원자력 발전소를 가동하며 전체 전력 수요의 30%(2012년 기준)를 원자력 에너지에 의존하고 있습니다. 또한 중국 동해안 인근에 100여 기 이상의 원자력 발전소가 건설되고 있어 원자력 발전소의 안전성 확보가 더욱 심각한 문제입니다. 한편 핵분열 방식의 현행 원자력 발전소와는 별개로, 미래 사회에서는 상온 핵융합 기술 개발 및 실용화가 가능해질 것입니다. 핵융합 발전 기술 개발에서도 안전성을 확보하려는 노력을 병행해야 할 것입니다.

온실가스 배출은 어떻게 줄일 수 있을까

지구 온난화의 주된 요인으로 지목받고 있는 이산화탄소 감축은 향후 수십 년간 인류 최대의 과제가 될 전망입니다. 온실가스 배출량 감축과 대기 중 온실가스 포획을 위한 기술 개발과 함께, 저탄소·제로탄소 배출을 목표로 하는 생활 방식이 정착될 것입니다.

온실가스 배출량 감축은 신재생 에너지의 사용 확대, 온실가스 대체 물질의 개발을 통해 이루어집니다. 친환경 교통수단, 탄소 순환형 바이오 화학공장도 온실가스 배출량 감축에 기여합니다. 대기 중 탄소포획 저장기술은 현재 경제성이 낮지만, 미래 사회에서는 관련 기술이 개발되고 경쟁 기술 대비 비용이 낮아지면서 대기 중 탄소량을 인위적으로 조절하는 시대를 열게 될 것입니다. 이와 함께 온실가스

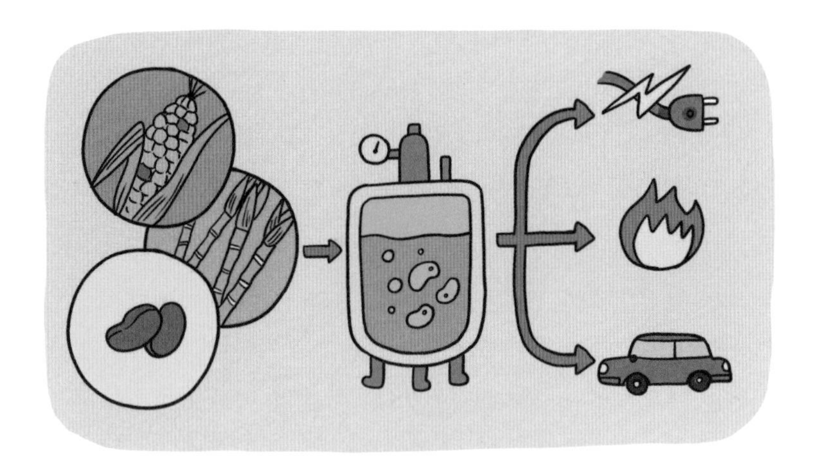

자연에서 손쉽게 구할 수 있는 바이오매스로부터 친환경적인 생물 연료를 생산할 수 있다.

감축을 위한 생활 방식이 확산될 것입니다. 폐기물 억제나 탄소성적 표시제에 따른 상품 구매 기준이 변화할 것이고, 효율적인 폐기물 순환 시스템이 구축되어 개인 일상에서의 효과적인 참여가 가능해질 것으로 보입니다.

또한 온실가스 감축을 적극 실천하는 한편 화석연료 매장량 감소에 대비하기 위해 **바이오 정제**Bio-refinery **기술**의 발전이 가속화될 것입니다. 바이오 정제 기술은 옥수수, 콩, 사탕수수, 목재류 등의 원료에 효소나 효모 등 생촉매를 이용한 생물공학적 기술을 적용하여 연료나 화학약품을 생산하는 기술입니다. 이 외에 새로운 바이오매스의 개발도 함께 이루어질 것입니다. 민물과 해수에서 자라는 미세조류algae는 곡물 바이오 작물보다 연료 생산이 단위 면적당 300배 더 높습니다. 조류에서 짜낸 기름으로 변환하여 만든 바이오

디젤은 연료로 사용할 수 있습니다.

자원 재순환 체계는 어떻게 구축할 수 있을까

미래 사회에서 자원의 안정적 확보를 위해 자원 재순환 체계를 효율적으로 구축할 필요가 있습니다. 해외 자원 개발사업 확대, 자원 유망국에 대한 조사단 파견 등 해외 자원 확보를 위한 노력과 함께, 산출량이 매우 적은 금소인 희유금속의 확보를 위해 희유금속 추출 기술 역량을 확보해야 합니다. 사용된 자원의 회수 기술 개선을 통해 자원 회수의 경제성과 효율성을 높입니다. 자원 재활용 기술의 개발도 이루어질 것입니다. 자원 재활용 체계 강화를 위해 수거 체계 효율화 등의 제도적 개선도 함께 이루어져야 할 것입니다.

과학 소양을 지닌 시민이 만들어갈 미래

미래를 낙관할 수 있을까

20세기 후반, 다가올 21세기에 대한 예측은 대체로 암울했습니다. 식량 부족, 환경 오염, 자원 고갈, 치명적인 질병 발생, 기후변화와 자연재해 등과 같은 어두운 전망이 많았기 때문입니다. 하지만 그 대부분은 사실과 어긋났습니다. 그런데 수십 년이 지난 지금도 우리는 같은 우려를 하고 있습니다.

우리가 미래를 낙관할 수 있는 이유는 역설적으로 미래에 대한 비관적인 우려에 있습니다. 인간은 단지 환경이나 상황에 순응하여 그 흐름에 자신을 맡기는 존재가 아니라, 예측되는 어려움에 대응해 해결책을 모색하는 능동적인 존재이기 때문입니다.

인류의 역사에서 위기에 닥쳤을 때마다 과학과 기술의 발전을 통해 문제를 해결하고 한 차원 높은 단계로 진입할 수 있었다는 점을 잊지 말아야 합니다. 우리가 세계를 더 잘 이해하고 그것을 변화시킬 역량을 발전시킬수록, 미래에 대한 우려를 긍정적인 낙관의 전망으로 바꿀 수 있게 될 것입니다. 과학 기술 전문가가 아니더라도 시민 모두가 과학과 기술을 올바르게 활용할 수 있도록 과학기술에 대한 이해를 성숙해나가야 하는 이유가 여기에 있습니다.

참고 문헌

과학기술의 지혜 프로젝트(2008). **종합보고서: 21세기 과학 기술 소양 프로젝트**. 일본: 과학기술의 지혜 프로젝트.

곽영순, 구자옥, 김미영, 손정우, 노동규(2013). **미래 사회 대비 국가 수준 교육과정 방향 탐색-과학**. 한국교육과정평가원 연구보고 CRC 2013-23.

교육부(2015). **초·중등학교 교육과정**. 교육부 고시 제 2015-74호.

송미영, 최혁준, 임해미, 박혜영(2013). **OECD 국제 학업성취도 평가 연구: PISA 2015 예비검사 시행 기반 구축**. 한국교육과정평가원 연구보고 RRE 2013-6-2.

이광우, 전제철, 허경철, 홍원표, 김문숙(2009). **미래 한국인의 핵심역량 증진을 위한 초·중등학교 교육과정 설계 방안 연구**(연구보고 RCC 2009-10-1). 서울: 한국교육과정평가원.

이근호, 곽영순, 이승미, 최정순(2012). **미래 사회 대비 핵심역량 함양을 위한 국가 교육과정 구상**(연구보고 RRC 2012-4). 서울: 한국교육과정평가원.

전승준 외(2018). **모든 한국인을 위한 과학**. 서울: 한국과학창의재단.

최경희, 송성수(2002). **과학교육의 이슈 및 발전 방향**. 과학기술정책연구원. 정책자료 2002-05.

캘리포니아 교육청California Department of education(2013). **과학과 교육과정**. http://www.cde.ca.gov/에서 2013. 10. 1. 인출.

한국과학기술한림원(2015). **한림원의 정책제안: 국가 미래를 위한 과학교육**. 경성문화사.

한국교육과정평가원(2013). **핵심역량 계발을 위한 교과 교육과정 및 교수·학습/교육평가 개선 방안 탐색 세미나**(연구자료 ORM 2013-79). 서울: 한국교육과정평가원).

허창수(2014). **교육과정령**. 행정자치부 국가기록원 홈페이지, http://www.archives.go.kr/next/search/listSubjectDescription.do?id=003205&pageFlag= (2016-9-28방문).

American Association for the Advancement of Science(AAAS). (1989). *Science for all Americans*. Washington, D. C.: Author.

American Association for the Advancement of Science(AAAS). (1993). *Benchmarks for Science Literacy*. Oxford Univ. Press.

American Association for the Advancement of Science(AAAS). (2006). *Science for all Americans: Education for a changing future.* Retrieved Aug. 11th, 2007 from http://www.project2061.org/publications/sfaa/default.htm.

Duschl, R., Schweingruber, H., & Shouse, A. (2007). *Taking science to school: Learning and teaching science in grades K-8.* Washington, D. C.: National Academies Press.

Johnson, S. (2014). *How we got to now.* Riverhead Books. New York, U. S. A.

National Academies of Sciences, Engineering, and Medicine(NASEM). (2016). *Science Literacy: Concepts, contexts, and consequences.* Washington, D. C.: The National Academies Press. https://doi.org/10.17226/23595.

National Research Council(NRC). (1996). *National science education standards.* Washington, D. C.: The National Academies Press.

National Research Council(NRC). (2012). *A framework for K-12 science education: Practices, crosscutting concepts, and core ideas.* Washington, D. C.: The National Academies Press.

National Research Council(NRC). (2013). *Next generation science standards: For states, By states.* Washington, D. C.: The National Academies Press. https://doi.org/10.17226/18290.

Organisation for Economic Co-operation and Development(OECD). (2013). *PISA 2015 draft science framework.* Unpublished manuscript.

Reiss, M. J., & Straughan, R. (1996). *Improving nature?: The science and ethics of genetic engineering.* Cambridge: Cambridge University Press.

교양 있는 대화를 위한 과학
: 미래 사회에 꼭 필요한 과학 지식

초판 1쇄 인쇄일 2018년 11월 1일
초판 1쇄 발행일 2018년 11월 15일

지은이 전승준 고훈영 이영식 곽영순 최성연 박민아 김홍종 박구선 김대수
펴낸이 정은영
기획 한국과학창의재단
편집 차혜린
디자인 배현정 서은영 김혜원
마케팅 한승훈 이혜원 최지은
제작 이재욱 박규태

펴낸곳 ㈜자음과모음
출판등록 2001년 11월 28일 제2001-000259호
주소 04047 서울시 마포구 양화로6길 49
전화 편집부 02) 324-2347 경영지원부 02) 325-6047
팩스 편집부 02) 324-2348 경영지원부 02) 2648-1311
이메일 jamoteen@jamobook.com

ISBN 978-89-544-3918-3 (03400)

책값은 뒤표지에 있습니다.
잘못된 책은 구입처에서 교환해드립니다.

이 도서의 국립중앙도서관 출판예정도서목록(CIP)은 서지정보유통지원시스템
홈페이지(http://seoji.nl.go.kr)와 국가자료공동목록시스템(http://www.nl.go.kr/kolisnet)에서
이용하실 수 있습니다. (CIP제어번호 : CIP2018032181)